北京市省际客运实名制联网售票系统设计与实践

李　军　杜　勇　黄建玲
郭桂英　姜绍武　王　炯　编著

人民交通出版社

内 容 提 要

长途客运联网售票系统利用现代信息通信技术，可实现不同地区、不同省市客运站动态客运信息共享和多元化售票。本书基于北京市省际客运联网售票系统建设的相关系统设计、专题研究、工程实践等相关资料编著而成，全书共分7章，阐述了新形势下联网售票系统建设的背景，综述了国内外客运联网售票系统的发展现状，分析了北京市新的联网售票系统建设的必要性和需求，详细论述了系统建设内容、设计架构、系统功能等内容。

本书可供长途客运联网售票系统开发与技术管理人员、长途客运业务管理人员阅读参考。

图书在版编目(CIP)数据

北京市省际客运实名制联网售票系统设计与实践 / 李军等编著. — 北京 ：人民交通出版社，2014.4

ISBN 978-7-114-11274-4

Ⅰ. ①北… Ⅱ. ①李… Ⅲ. ①汽车运输—省际运输—旅客运输—售票—系统设计—北京市 Ⅳ. ①U492.4

中国版本图书馆CIP数据核字(2014)第049003号

书 名：北京市省际客运实名制联网售票系统设计与实践
著 作 者：李 军 杜 勇 黄建玲 郭桂英 姜绍武 王 炯
责任编辑：孙 玺 卢俊丽
出版发行：人民交通出版社
地 址：(100011)北京市朝阳区安定门外外馆斜街3号
网 址：http://www.ccpress.com.cn
销售电话：(010)59757973
总 经 销：人民交通出版社发行部
经 销：各地新华书店
印 刷：北京市密东印刷有限公司
开 本：720×960 1/16
印 张：8.25
字 数：123千
版 次：2014年4月 第1版
印 次：2014年4月 第1次印刷
书 号：ISBN 978-7-114-11274-4
定 价：35.00元
(有印刷、装订质量问题的图书由本社负责调换)

前　言

道路客运是人民群众出行的主要方式，目前全国道路客运年旅客运输量已占综合运输体系年客运总量的90%以上。近些年来，为了应对我国公路、铁路和航空客运发展的新形势，提升公路客运服务水平，全国各省、市、自治区在辖区内陆续建立起了道路客运联网售票系统，长途客运联网售票系统建设风生水起。

长途客运联网售票系统，利用现代信息通信技术，可实现不同地区、不同省市客运站动态客运信息共享和多元化售票。通过系统的建设，能够方便社会公众购票、降低客运站经营成本、提高运输企业收益、准确采集动态客运信息、规范客运市场行为，提升道路客运管理效能和公众服务水平。但很多地方的联网售票系统建设完成后普遍的反映是叫好不叫座，并没有形成系统和规模效益，应用效果一般，这与长途客运多个运营主体的利益分配规则、出行者购票习惯等均有关系。

北京市省际客运联网售票系统于2004年12月开通，已运行8年多时间，系统的开通运行对北京市省际客运行业的良好运转发挥了重要作用，但随着时间的推移和业务需求的变化，现有系统越来越不能满足省际客运业务的需要。为进一步提升北京市道路客运行业的竞争力，更好地服务旅客出行，提高客运站运营效率，同时有效整合道路客运动态信息资源，增强道路客运动态监管能力，北京市决定启动省际客运实名制联网售票系统建设，2014年1月1日起北京市全面实行实名制售票，本书即是基于北京市省际客运联网售票系统设计和建设实践的相关资料编著而成。

全书共分7章，阐述了新形势下联网售票系统的建设背景，综述了国内外客运联网售票系统的发展现状，分析了北京市新的联网售票系统建设的必要性和需求，详细论述了系统建设内容、设计架构和系统功能等内容。在系统建设及本书写作过程中，作者参阅了大量国内外著作、文献和相关资料，借鉴了相关系统设计、专题研究、工程实践等相关成果，在此谨为本书直接或间接引用的相关成果的作者一并表示感谢。

限于作者的理论水平和实践经验，书中难免存在不妥和错误之处，但作者又想将北京市实名制联网售票系统的建设经验及时与同行分享，不足之处只能寄希望于未来努力弥补，并敬请各位读者斧正。

编著者

2014 年 2 月

目　录

第1章 概　　述

1.1 背　　景

伴随着人民生活水平的提高、路网条件的改善和汽车工业的进步，道路客运行业的发展突飞猛进。道路客运站、客运综合枢纽条件不断改善，车辆舒适度有了明显提高，新的服务形式和服务装备不断出现，使得社会公众确实感受到了设施条件更新所带来的服务质量明显改善，社会公众期望已经逐步由“走得了”向“走得好”转变。但在发展的同时，道路客运信息服务水平远落后于民航和铁路，无法适应综合运输体系和现代道路运输业的发展要求。全国各地售票方式仍然主要停留在单一纸质销售、本站车票仅能在本站窗口销售方式上，公众需要到所乘车的车站或售票点的窗口购票及领取客票，部分省份已经尝试对售票渠道和方式进行扩展，比如网站售票和代售点售票，但售票的渠道和范围存在着较大的局限性，且大部分网上购票的公众仍需要去车站窗口取票，传统、低效的售票方式同道路客运服务质量整体提升的矛盾进一步显现。多数情况下，旅客不确定到达异地后能够成功购买到票，因此，无法确定行程的接驳，无法提前规划好自己的整个行程；尤其在客运高峰期，往往造成购票需要长时间排队的局面，客运站劳动强度大、速度慢，也使公众陷于疲于求票的困境中。当前这种售票形式已经难以满足乘客对运输服务便捷、经济和多样化的需求，改进传统的客票销售方式，已成为道路客运行业急待解决的突出问题。

面对以上问题，从国家层面到北京市层面，行业管理部门均高度重视，迫切想要解决该问题。交通运输部《公路水路交通运输信息化“十二五”发展规划》(交规划发〔2011〕192号)明确提出“引导开展省域、跨省域客运售票联网和电子客票系统建设,以网上购票和电话购票等多种形式,方便出行者购票,并为道路客运乘客提供相关信息服务”的目标,要求省市两级交通运输主管部门应充分利用交通信息化建设成果,建立和完善覆盖更广泛的人群,提供更高质量和更丰富的公路客运出行信息服务。

北京市目前运行的联网售票系统于2004年开通,已运行8年多时间。系统的开通运行对北京市省际客运行业的良好运转发挥了重要作用,但随着科学技术的飞速发展和新技术应用快速融入百姓生活,省际客运联网售票系统也面临着升级和发展的问题。系统建设之初的网络环境、软件技术架构和原有的系统功能已不能适应当前的业务管理和服务需要,而各客运站在近年根据业务管理和服务的需要,对各自的站务系统和联网售票系统进行了一些个性化改造和功能延伸,系统功能和数据信息差异性较大,导致系统整体升级和全市数据资源的整合挖掘利用具有一定的难度。同时,省际客运相关企业也提出了车辆自动报班、数据关联管理、统一结算等新的业务管理需求,百姓对一站式的网上售票、手机终端购票等多元化购票服务的需求也越来越强烈,行业管理部门对于加强公路客运行业安全、服务质量、客运许可及规划调整、环保、维护市场公平等发展要求都需要有及时、准确的运行信息作为行业宏观管理依据,这些都对全市省际客运联网售票系统提出了更高的要求。为进一步提升北京市道路客运行业的竞争力,更好地服务旅客出行,提高客运站运营效率,同时有效整合道路客运动态信息资源,增强道路客运动态监管能力,北京市决定启动省际客运实名制联网售票系统建设。

1.2 国内外客运联网售票系统发展现状

1.2.1 国外客运联网售票系统

1)道路客运

(1)美国

在美国,作为连接城市和乡村地区唯一的公共交通方式,城际公交在地面运输网络中占有重要的地位。美国城际公交安全、快速、高效、正点、整洁并且服务周到。全天24小时运行,有固定的发车和到站时刻表,正点率很高,且上、下车的地点也比较灵活。

美国城际公交客运服务龙头——美国灰狗长途客运公司创建于1914年,现总部设在得克萨斯州的达拉斯市。自创建以来,公司通过不断的重组、兼并、发展壮大,现如今灰狗公司已经成为了全北美地区最大的一家公共客运公司,也是美国、加拿大和墨西哥等国家城市间公共客运的唯一提供者。美国灰狗1 800个售票点,为2 600个终点站提供班线客运服务,客运网络覆盖北美地区的乡村和城市,每年的旅客运量大约占长途路上客运总量的70%。美国灰狗与其他独立经营公共汽车线路的公司建立了伙伴关系,将自己的经营线路延伸、连接到城市,如图1-1所示。

图1-1 美国灰狗巴士

美国灰狗公司在全路网范围内实现了联网售票,为旅客提供多种购票方式,可分为如下五种:

①在线购票。旅客登录灰狗公司网站(www.greyhound.com),选择出行时间、地点、车型等,提交用于付款的信用卡信息,即可获得所需车票,车票载体可以是在线打印的乘车单,也可以是通过邮寄方式获得的纸质车票,还可以通过自助售票机领取纸质车票。

②电话购票。旅客通过拨打全美统一的免费呼叫号码(1-800-231-2222)并提交信用卡信息,即可购买车票。

③客运站购票。旅客前往任意一家灰狗客运站购买车票,可以灵活选择现金、旅行支票和信用卡等支付方式。灰狗公司还提供了众多的自助售票机以方便旅客购票。

④站外代理点购票。灰狗在全美范围内设置了数以百计的站外代理点以方便旅客购票,购票支付方式与客运站购票一致。

⑤由他人代为购票。灰狗公司推出了两种代购票服务,分别是赠票(GTO)和预付票(PTO)方便为个人为亲友代购车票。其中,赠票服务可以通过网站进行购买,然后使用者在车站取用;预付票服务允许购票人在异地购买当日车票,车票可以在异地使用。

灰狗公司实行联网售票,全美国境内 2 600 个客运站和 1 800 个售票服务点全部联网,旅客在每个售票点都能查阅或购买任意地点的客票。客运公司虽然点多线长,但通过全国联网系统可以及时调集车辆、人员,对客运收入、支出的管理及统计也都非常方便。

除此以外,灰狗公司的售票网络还覆盖了其众多联营企业的客运班线,对于那些想乘坐灰狗巴士到美国旅游的墨西哥游客,可以在其境内 100 多家代理机构购买车票,这些代理机构可在美国与墨西哥边境城市将灰狗公司的运输服务衔接起来。灰狗公司所有客票票面统一规范,所有售票服务点均统一标识“灰狗客运”,遍布全美、风格一致的售票服务体系,使得灰狗公司的形象深入人心,奔跑的灰狗已成为美国人心中公路长途客运的代名词。另外,灰狗公司的车队管理系统是一种实时跟踪系统,它对车队实施 24 小时监控,保证旅客的出行安全。

美国联邦政府部门对于城际公交运输服务行业的管制影响着整个行业的发展。1935 年通过的《汽车运输法案》(Motor Carrier Act)规定,州际客运公交服务归由州际商业委员会(ICC)管理监督,包括州际客运公交服务的定价、路线、服务种类和财务责任等。此后,由于 1971 年美国铁路公司(Amtrak)补贴的竞争和1978年航空客运解除管制，城际公交客运量急剧下滑。直至1982年《公交管制改革法案》(BRRA)的通过，真正意义上结束了联邦政府对城际公交服务的经济管制，但保险和安全方面的管制依然存在。1992年，作为《多模式地面运输效率法案》(Intermodal Surface Transportation Efficiency Act，ISTEA)的一部分，联邦政府决策者开始对乡村城际公交线路提供持续的资金援助。

近年来，美国城际公交客运业逐渐复苏。城际公交运输服务主要是中距离的业务，大部分是200～300mile(折合300～500km)。灰狗公司针对传统的中距离线路提供低廉的票价，且汽油价格不断上升，从而使得城际公交成为最经济的交通方式。

服务质量的提升和技术的进步，对于培育和发展城际公交客运量有着不可忽视的作用。美国的城际公交车为乘客提供Wi-Fi和充电设备，以及更大更舒适的座椅和空间；为了与航空客运竞争，有些运输公司提出了“买四赠 ”的票价打折优惠。技术上，美国城际公交汽车采用无污染排放的柴油发动机，降低污染且提高燃油效率，制造商也在试验用无污染的蓄电池作为省际公交车的能源；车载的高级系统监视装备和记录设备，可以让驾驶员和维修部门用更少的时间诊断故障。电子制动系统和自动驾驶控制系统，保障行车安全准时。

20世纪90年代末期，美国城际公交运输业开始关注并加强内部各个运输公司的相互联系，以及与城乡支线和当地城市交通的衔接，同时不断促进与美国铁路公司(Amtrak)和区域铁路服务商的合作，建立多方式联合客运站，对公路客运站信息化发展具有极大的意义。

(2)欧洲EuroLines

欧洲最大的公路长途客运品牌EuroLines，拥有32个独立经营的长途客运公司，客运网络连接500多个目的地，包括摩洛哥在内，覆盖整个欧洲大陆。EuroLines与大部分目的地的城市公交建立了合作关系，旅客可以持EuroLines客票在客运站转乘城市观光车、公交车，直接前往最终目的地。EuroLines所有运行的线路实现了联网售票，统一管理运营线路的票务信息，为旅客提供多种购票方式：网上购票（WWW. eurolines. com）、电话购票、EuroLines 车站购票以及预约订票等。EuroLines 还提供 15 天/30 天通票，有效期内可以在欧洲的 43 个大城市之间任意穿梭，持有该通票的旅客入住合作宾馆时，还可享受非常大的折扣。根据欧盟相关法律，所有运行的车辆上都安装了行车记录仪，可有效避免疲劳驾驶引发的安全隐患，极大地保障旅客的出行安全。

(3)日本

日本的高速公路和城市道路网络非常发达，其道路客运按照客运主体的营运特点分为长途巴士与旅游巴士两部分，如图 1-2 所示，统一由日本的国土交通省实施行业管理。日本的道路客运主体以中小企业为主，在整个客运行业有 67%的企业注册资金在 1 亿日元以下。

图 1-2　日本长途巴士

作为最早提出信息化的国家，日本在交通运输信息化领域也处于先进地位。为了提高长途巴士服务水平，吸引更多的乘客，东京都交通局开发了城市公共交通综合运输控制系统(CTCS)。在 CTCS 中，公共交通运营管理系统是一个基本的框架，通过掌握车辆运行情况以及积累乘客数据，实现精确平稳的公共交通运营服务。它将运营中的公共汽车和控制室之间建立信息交换，并利用诱导和双向同新的方法，将服务信息提供给公共汽车运营人员和驾驶人员，同时这些信息也通过进站汽车指示系统和公交与铁路接驳信息系统提供给乘客。公共交通综合管理系统包括累计运营数据、乘客计数、监视和控制公共汽车运营和乘客服务等功能，其中乘客服务功能中包括进站汽车指示、信息查询和公共交通与铁路接驳信息提示。公共交通综合管理系统的硬件包括公交主控中心、区域中心以及路边、车库和车载设备等。

此外，日本在长途巴士客运站的信息化建设方面还做了以下措施：

①2006年，日本政府投资长途巴士与其他客运方式之间的无缝换乘建设，主要涉及多方式客运站的基础设施和信息化设施建设。

②日本全国大多数客运站已经实现了网上查询、订票的服务。

③日本在各客运站普遍使用IC卡，并且几乎所有的道路客运车辆都能使用。

④推行"一公里范围内单一票"制度，即在1公里范围内同时存在汽车客运站和轨道交通站点的情况下，为了方便旅客，为旅客提供单一票换乘的服务。

2)铁路客运

在西方发达国家，客运站已在全国联网，实现班次查询和网上全国联机订票。旅客可在一处购票，全国各地换乘，十分方便。许多运输企业广泛采用互联网技术，将现代信息技术与企业的生产、经营、管理紧密结合，提高服务质量，吸引客户，以赢得或保持企业的竞争优势。

(1)俄罗斯

俄罗斯也实行铁路客票实名制，是前苏联时期的"公民出行身份证管理"制度的传承。车票上除注明车次、起始站和到达站、发车时间、席次、票价、购票日期外，还注明乘车人的身份证件相关信息，包括证件种类、证件号码、持证人姓名等。由于俄罗斯铁路客运运能充足，车票容易购得，客流量也比较小，所以这种相对比较繁杂的购票环节手续并没有使旅客感到有什么不便。乘车人身份的验证则是通过列车员检票实现。

由于旅客上车时间比较集中、流量大，列车员在旅客登车时只是进行抽查，并不对所有旅客都对照车票查验身份证件。

(2)泰国

对于泰国普通百姓而言，铁路客运是最重要的出远门方式。泰国客运也有高峰期，如同中国春节前后的“春运”。每年 4 月，泰国的“宋干节”(泼水节)，其交通运输状况与“春运”类似，旅客需排队购买火车票，但是由于泰国的铁路客票均为实名制，因而大家都不用担心票贩子的骚扰，在整个运输最高峰时期，也能井然有序。

在泰国，旅客购买火车票的途径主要是火车站或票务代理点，若赶上节日期间客运高峰期或是客流量比较大的线路，需要提前一两天买票。购买的火车票上均打印着乘客的姓名和性别，旅行途中不断会有列车员查票。若想转让车票，必须要通过专门的窗口办理。

为了满足普通百姓的运输需求，节日客运高峰期间，泰国交通部不仅不会提高火车票价，反而经常会降低票价，将票价降低三至五成，曾经甚至还对贫困人口实行免费乘车回乡的优惠。

(3)丹麦

丹麦铁路四通八达，其密集的铁路网络覆盖全国，丹麦民众可以乘坐火车到达国内的任何地方。

丹麦的铁路公司是 DSB 的售票体系，分网上(即在网站上购票)和网下(即在车站通过自动售票机或售票窗口现场购票)两部分。DSB 网站上的铁路客票包括普通票和折扣票两种。普通票与车站售票票价一致，折扣票则随购买日期的提前而变化，无论是购买哪种铁路客票均需要实名购买，需要输入乘车人的相关证件，如银行卡、护照、身份证等证件号码。成功购买后，乘车人可用一张 A4 纸打印包括乘车人姓名、证件号码、乘车有关信息、票价等信息的票据。这张 A4 纸打印的票据是配套票据上标注的证件一起使用，若列车员检票发现信息不符，则会特别审查。

1.2.2 国内客运联网售票系统

1)道路客运

目前,我国各地区的公路客运售票信息化水平差异较大,虽然大部分二级以上的客运站实现了区域内联网售票,但在经济不发达地区和大多数三级以下客运站,还是采用传统的售票方式。在没有实现联网售票的地区,旅客购票十分不便。互相之间的发车信息沟通缺乏渠道,互相之间不能实现互售。出行者购票时,并不知道各站的具体班次,也不知道去哪个站可以买到,加之公路客运的特点是一段时期内变化较大,班次和发班时间往往根据季节和客流量大小有所调整,出行人更是难以把握。而在南方一些城市密集地区,客运比较发达,售票的信息化水平相对较高。总的来说,目前道路客运联网售票系统建设模式主要有三种:

(1)集中式。建立全省统一的数据中心,各客运站无独立数据库,通过客户端访问统一的联网售票中心售票。此种模式易于控制,对网络和数据中心的稳定性要求非常高。

(2)分布集中式。各客运站有数据库,同时建立全省统一的数据中心,各客运站通过提供统一的接口接入平台实现联网售票。在网络中断的情况下,对客运站自身售票无影响,但约束力小。

(3)区域集中式。以区域为中心,建立各区域数据中心,各客运站无独立数据库,通过客户端访问各区域的数据中心售票。对网络依赖相对较小,又能增强对客运站的控制力。

在联网售票票源控制上有车站或企业控制、管理部门统一控制两种,在建设投资上主要有政府投资、政府和企业共同投资、企业投资以及第三方投资等几种形式。而在运营和清分结算上,也主要有四种模式:

(1)政府负责运营和清分结算。政府成立专门的结算机构,如各地联网售票中心、票务管理中心等机构。

(2)运输企业成立结算联盟。自主自发,成立理事会,统一集中结算。

(3)站间相互结算。松散模式,相互签署结算协议,约定结算时间。

(4)第三方负责运营与清分结算。委托第三方结算,分享利益。

2)铁路客运

铁路客票发售和预订系统于1996年开始推广实施,1998年底逐步实现了部分铁路局范围内的联网售票。迄今为止,在全路建成了铁道部客票中心、18个地区客票中心,在2 400多个车站和12 000多个售票窗口实现了计算机联网售票。客票系统的实施,促进了铁路客运生产力和生产关系的重大变革,加强了市场竞争能力,提高了工作效率,减少了劳动强度,方便了旅客购票,促进了营销改革,提高了管理水平,发展了生产力,也推动了生产关系的变革,产生了巨大的社会效益和经济效益。

(1)建设历程

铁路客运联网售票系统即铁路客票发售和预订系统,系统先后共经历了五次升级,目前正在进行6.0版本的研发工作。1.0版本的铁路客票发售和预订系统解决了“自上而下的售票系统建设问题”,2.0版本实现了地区、中心和路局内多地区中心的联网售票互通,形成了小范围内的购票网络。3.0版本解决了跨地区联网售票问题,真正实现了全国范围内的联网售票。3.0版本开始推行时遇到了不少实际情况,以前铁路部门的结算方式是谁卖出的车票就算谁的收入,任何车站都不希望自己的车票被其他车站卖掉,因此实现异地售票存在很大的阻力。为了推行3.0系统,铁道部制订了新的清算办法,实行谁开出的车收入归谁的结算方式,异地售票的体制难题从根本上得到了解决。

2002年10月21日正式发布4.0版本,在全国可以实现购买返程票。为适应铁路客运快速网的建设与发展,满足铁路第6次大提速以及客运新产品销售的需求,铁道部组织力量研发了铁路客票系统5.0版,于2006年8月底完成了在全路的实施与推广。

(2)应用情况

铁路客票系统由中央级、地区级和车站级三层结构组成,包括全国票务中心管理系统、地区票务中心管理系统和车站电子售票系统。系统采取集中与分布相结合的部署方式,在全路票务中心内安装中央数据库,主要用于计划与调度全系统的数据,并接收下一级系统的统计数据和财务结算数据。在地区票务中心设有地区数据库,主要用于计划与调度本地区数据,并可响应异地购票请求。系统的基础部分是车站售票系统,主要有售票、预订、退票、统计等功能。

基于客票系统衍生出的营销分析系统,能够动态掌握售票情况,并实现指标统计、智能分析、预测等功能。营销分析系统的一个典型应用是为春运和节假日开发的假日办系统,通过该系统,可以看到在铁路客运高峰期全国的客流情况,加车、停运的指挥在办公室即可进行决策。

(3)管理运行情况

铁路客票发售与预订系统的技术支持单位是铁道部科学研究院,负责运行维护铁道部客票中心系统、假日办系统。18 个地区客票中心系统、2 400 多个车站系统和 12 000 多个窗口售票系统由各路局进行日常运行维护,如果遇到不能解决的问题时,报铁道部科学研究院解决。对于有些技术力量薄弱的路局,铁道部科学研究院代其对系统进行日常运行维护。

全国铁路客票系统现行的管理体制,使得铁路客票的结算相对比较简单。所有票款全部汇入铁道部相应的银行账户,每月由铁道部的清算部门根据铁道部出台的相关文件规定对账目中的票款进行统一管理,并划拨给各路局、站、段等部门作为其营业所得。另外,铁道部划拨一定的经费给铁道部科学研究院,作为其日常运维费,保障系统的稳定运行和可持续发展。

3)民航客运

(1)建设历程

1979 年,中国民航开始对建立民航计算机旅客服务系统等有关问题进行调研。1984 年,成立民航计算机总站,就计算机订座系统的引进工作进行了准备。1986 年 7 月,中国民航引进美国的民航旅客计算机订座系统并在广州使用。1996 年,民航计算机中心通过对订座系统

(ICS)的改造,推出了机票代理人分销系统(CRS),使国内代理人分销行业得到发展。1999年推出的“信天游”民航电子网站,运用商务电子网站模式,为社会公众提供了网上航班信息查询、订票等服务。2001年,建成全球旅游分销系统GDS,不仅使机票国际、国内代理人分销行业得以全面发展,也使得依托于该系统运行的“信天游”网站进一步实现了全球性的航班信息查询、售票信息、飞机信息,自助定购机票,航空机票代理人可运用该网站分销机票。2007年,中国民航最终实现了100%的电子客票。

(2)应用情况

我国民航目前使用的航空运输信息化系统——中国民航商务信息系统,是集订座、离港、分销、结算、清算等功能于一体的民航商务信息系统和网络。该系统中的电子客票系统实现了出票、值机、结算的电子化流程,同时帮助航空公司进行产品规划、销售、结算、运输和服务的整合,不仅能够完全实现传统纸票的所有功能,而且在订票、离港、结算等方面有了更全面、安全、快捷、便利的发展,达到了世界先进水平。由于民航局的统一部署,系统化、标准化的实施与推广,我国迅速成为世界上电子客票普及率最高的国家。

(3)管理运行情况

中国民航商务信息系统自2007年年底由民航局统一部署,由中国民航信息集团公司负责对电子客票系统进行实施推广和运营维护,其运营费用来自于向国内航空公司收取的订座费,即每销售一张机票,公司从票款中抽取一定比例作为运营服务费来使用。公司在中国民航客运结算流程中作为第三方角色,提供代理资格等的信息审核,及时将结算依据分发至各方的账务服务。

第 2 章　现状及必要性分析

2.1　客运站发展现状

2.1.1　基本情况

北京市目前有 11 家省际长途客运站，其中一级站有 4 家，二级站有 7 家，如表 2-1 所示。从分布地点来看，长途客运站主要分布在城区南部和东部（丰台区 6 家、朝阳区 4 家、东城区 1 家）。

北京市 11 家省际长途客运站列表　　表 2-1

序　号	客运站名称	等级（按车站规模）
1	六里桥站	一级
2	赵公口站	一级
3	四惠站	二级
4	永定门站	二级
5	莲花池站	二级
6	北郊站	二级
7	八王坟站	一级
8	丽泽站	二级
9	木樨园站	一级
10	新发地站	二级
11	首都机场站	二级

2012 年，北京市省际长途客运共有运营线路 814 条，比上年增长 2.5％；运营线路 44.3 万公里，比上年增长 2.4％；运营车辆 3 756 辆（含外省进京运营车），比上年减少 4.1％，其中本市运营车辆 1 244 辆，比上年

减少 0.3%。完成客运量 2 743 万人次，比上年降低 0.3%；完成旅客周转量 99.5 亿人公里，比上年降低 1.8%，如表 2-2、图 2-1 所示。

北京市省际客运基础信息　　表 2-2

指　标	计量单位	年 份（年）							
		2005	2006	2007	2008	2009	2010	2011	2012
省际客运站	个	11	11	11	11	11	11	11	11
运营线路	条	790	790	790	790	798	803	794	814
运营线路长度	万公里	23.7	23.7	44.3	42.7	43.4	43.7	43.3	44.3
运营车辆数合计	辆	4 356	4 089	4 089	4 085	4 168	4 231	3 915	3 756
本市运营车辆	辆	1 117	1 102	1 102	1 098	1 181	1 244	1 172	1 169
年客运量	万人次	2 261	2 386	2 571	2 530	2 496	2 535	2 742	2 743
进站量	万人次	1 109	1 164	1 319	1 248	1 249	1 285	1 354	1 358
出站量	万人次	1 152	1 222	1 252	1 282	1 247	1 249	1 388	1 375
年旅客周转量	亿人公里	59.47	75.6	89.98	87.32	89.87	94.29	101.3	99.5
年日均发班次	班次	2 267	2 204	2 198	2 125	2 246	2 066	2 051	2 091

注：数据来源于《2013 北京市交通发展年度报告》。

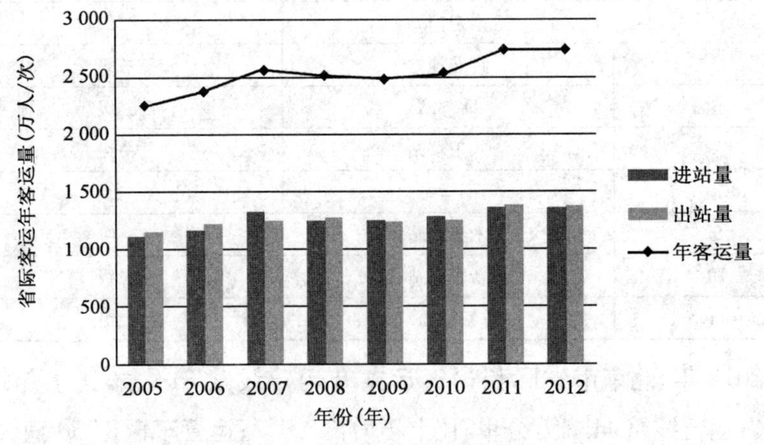

图 2-1　省际客运年客运量统计图

2.1.2　信息化应用系统

(1)客运站售检调结系统

客运站售检调结系统是客运站运营业务的核心系统，包括窗口售票(普通售票、学生售票、团体售票、普通退票、特殊退票，支持保险售票等)、检票(刷卡开检、正常检票、配载检票、未检查询、结算单打印等)、调度(排班计划生成、动态调整班次、批量维护、刷卡报班等)、结算(按客运公司/车辆结算客运、货运、一卡通以及各种手工传递单费用)。

(2)客运站行包系统

客运站行包系统包括三个子系统：行包受理子系统(称重、量方、选择目的地、班次、配载、改配、统计等)、行包落货子系统(到站行包入库、货位管理、行包出库、统计等)、小件寄存子系统(行李寄存、行李提取、发车提醒、货位管理等)。北京 11 家客运站并非所有的客运站都运营行包业务，且标准不统一。

(3)站务信息服务系统

站务信息服务系统是客运站内为各种显示屏提供动态信息内容的发布软件的总称，显示屏类型包括售票屏、检票屏、站台屏(仅六里桥站)、公告屏、多媒体电视墙等。

(4)站务一卡通系统

站务一卡通系统通过刷卡方式实现客运车辆进站、入场、洗车、消毒、车检、报班、上位、出站等流程的信息化，通过下一环节对上一环节的验证把关来规范车辆、驾乘人员的行为，确保出站车辆及旅客的安全。

目前 11 家客运站只有部分启用一卡通系统，并且各站之间业务标准不统一。

2.2　联网售票现状

2.2.1　总体情况

北京长途客运联网售票系统于 2004 年 12 月 24 日开通运行。系统采用分布式部署方式建设，客运站各自沿用自行开发的站务管理系统。联网售票中心负责票据管理、联网售票的清分结算等工作。公众通过统一访问省际客运行业网站入口直接购票，客运站之间通过联网售票中心实现站间互售。

2.2.2 联网售票情况

联网售票系统使旅客可以从站外售票代理点购买车票，改变了以往站内窗口购票的单一形式。2011 年 11 月 28 日，北京省际客运信息网上线试运行，实现了长途客票的网上购买。目前，旅客共有三类购票渠道：站内窗口、代理点和网站。各种方式的售票情况如表 2-3 所示。

三类购票方式售票情况　　表 2-3

年份（年）	售票总数（万张）	站内窗口售票（万张）	代理点售票（万张）	网上售票（张）	站外售票率（%）
2006	1 173.1	1 170.5	2.6	0	0.22
2007	1 229.3	1 219.3	10	0	0.81
2008	1 261.4	1 247.5	13.9	0	1.10
2009	1 217.1	1 198.6	18.5	0	1.52
2010	1 220.5	1 195.2	25.3	0	2.07
2011	1 375.1	1 340.3	34.8	555	2.53
2012	1 344	1 307.8	29.7	65 117	2.69

注：站外售票率为代理点售票和网上售票之和与售票总数的比值。

从表 2-3 中可以看出，站外售票率虽逐年增加，但数量仍较低，2012 年最高仅为 2.69%，其中，网上共销售客票 6.5 万张，占全年售票总量的 0.48%。站外售票率低与道路运输旅客“进站买票，随到随走”的出行习惯有关，同时也说明站外售票形式还不够丰富。提高旅客购票的方便性，应进一步发展网上售票、电话订票、手机售票等多元化购票方式，发挥联网售票效益。

2.2.3　数据资源现状

联网售票系统经过多年的运行，目前的数据主要有动态售票数据、基础数据等，包括线路、班次、票价、站点、车型等。

客运站的相关数据内容主要包括线路信息、班次信息、票价信息、车辆信息、座位类型、票据信息、站点信息、员工信息、行包相关信息、一卡通相关信息（部分客运站有）等。

2.2.4　软硬件支撑系统现状

联网售票中心现有的主机和存储设备用于支撑现有的联网售票系统和清分结算系统，主机设备负荷率达到80%左右，磁盘阵列中存储了2009年的部分数据、2010年至今的所有票务数据。

各客运站现有的主机及存储设备，用于售、检票业务，报表业务等，设备购买年限较早，目前设备的负荷率大多数都为70%～90%。

2.2.5　网络环境现状

目前全市11家客运站通过2M专线与联网售票中心相连，分析每天购票高峰时段专线带宽使用情况，除北京市几个比较大的客运站，如六里桥客运站、赵公口客运站、八王坟客运站的带宽使用率能达到60%外，其余客运站专线带宽使用情况均不到40%，而且该情况会根据时间段售票量的变化而变化。

在联网售票中心机房部署了联网售票应用系统，通过2M专线与11家客运站连接（六里桥客运站与联网售票中心在同一地点，使用网线连接）。目前系统网络拓扑结构如图2-2所示。

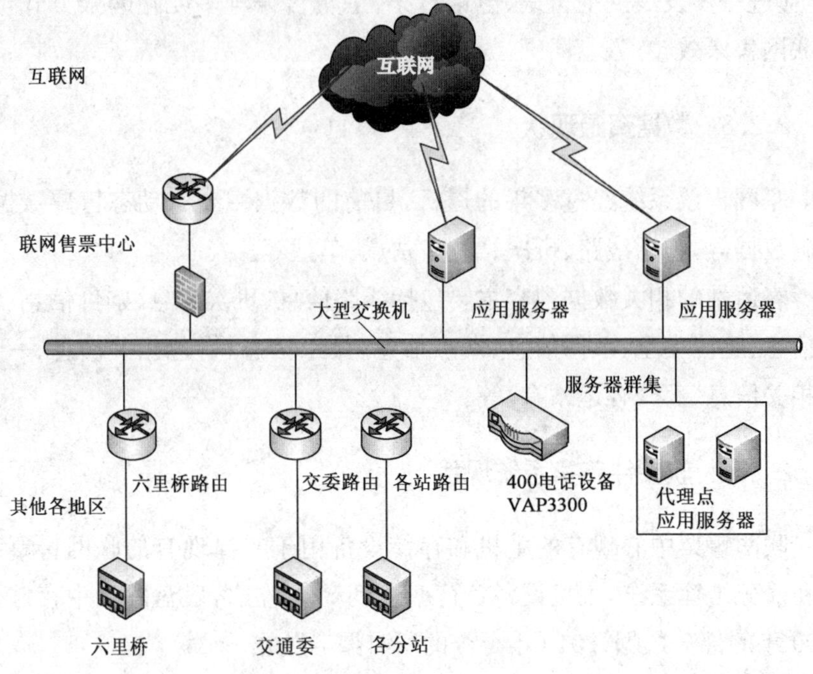

图 2-2 联网售票系统网络拓扑现状

2.3 系统建设必要性

省际客运联网售票系统的建设，可以极大地提高售票效率，给乘客提供最便捷的购票方式。同时，通过资源的整合，行业主管部门通过售票联网数据，对于各客运站、各班线的运行情况能够实时掌握，有利于行业监管和提高服务水平，系统建设具有重大意义且十分必要。

2.3.1 提高行业服务水平，保障旅客便捷出行的需要

交通运输部提出的“三个服务”中要求“交通运输要服务人民群众安全便捷出行”，目前北京市已实现站间互售和网上售票、代理售票、电话订票服务等，在一定程度上为了公众便捷出行提供了条件。本次工程将

继续拓展多元化的客运出行服务方式，如提供手机APP服务，公铁联运服务、公航联运服务、自助售取票服务等，更大程度地满足不同使用对象的不同需求，尤其是公铁联运、公航联运的实现，将实现各种交通运输方式之间无缝衔接，这将是交通运输部三个服务的最好体现。

2.3.2 创新服务，提高道路客运行业竞争力的需要

据交通运输部《2013年前三季度交通运输经济运行情况》分析公报，2013年前三季度，我国铁路客运量增速均在8%以下，民航客运保持了两位数以上的增长速度，而道路客运受铁路分流明显，2013年7、8月份运距400km及以上线路客运量下降12.5%。北京市近年的统计数据也表明道路客运量确实在不断下降，且随着高铁的高速发展，这一下降量估计将继续加大，道路客运行业发展前景严峻。

在当前激烈的旅客运输方式竞争中，道路客运行业应充分利用运价低廉、灵活机动等先天优势，还应积极学习国外道路客运售票系统建设的先进技术和成功经验，以多样的售票方式、统一的售票网络、灵活的销售策略等提高道路客运行业竞争力。

2.3.3 加强安全管理，保障道路旅客运输安全的需要

北京是我国的首都，是政治经济文化中心，必须将安全摆在相当重要的位置。本次联网售票工程将实行实名制购票，实名制购票可以对旅客的行程进行跟踪分析，有利于旅客运输的治安管理和旅客的旅途保险。保障公路运输安全，不仅要保障车辆行驶安全，也要保障广大旅客在车辆行驶过程中人身财产安全。要做到这些，其中一个很重要的方面就是加强对车辆上各种治安隐患和违法犯罪活动的监控。站在防患于未然的角度，由于长期没有实名制，难以及时掌握旅客身份信息，因此在治安上，事前防范工作往往存在着被动滞后的问题。推行实名制，将便于公安机关及时排查混藏在旅客之中的违法犯罪分子。从这个角度看，在北京市推行实名制购票，无疑是增强社会治安管理能力的一项重要

举措。

2.3.4 加强行业运行动态监测，开展科学决策的需要

由于北京市特殊的政治地位，对安全、便捷、及时、高效的公路运输服务具有更高的要求，需要行业管理部门进一步强化市场动态监管，加快提升管理能力和服务水平。

目前，北京市行业管理部门由于缺少必要的技术手段和基础条件，仅靠客运站每月填报所需的统计数据，难以全面、及时、准确地掌握全市省际客运运行情况。通过本次工程建设，实现行业运行动态数据的采集、整合和共享，起到加强客运站安全监管的作用，并可以结合历史数据进行分析、预测，不仅能强化行业管理部门对市场运行情况的动态监测，还能为科学决策提供辅助和支撑，将市场监管和决策水平提升到一个新的层次。

2.3.5 促进多种运输方式有效衔接，构建综合运输体系的需要

民航支线、高速铁路的快速发展，为公众提供了多元化的服务方式，方便公众查询各种出行相关信息并提供多渠道的电子化交易手段。近几年铁路12306的开通，使公众便捷出行发生了巨大变革，也使道路客运长途运输面临巨大竞争压力，但灵活、多样化的中短途运输优势使道路客运的定位愈加清晰。目前，公、铁、民航联运的需求越来越大，一方面，极大方便了旅客乘车，减少购票及换乘环节；另一方面，利用综合运输方式，引导道路客运企业采取灵活的经营策略，调整运营线路，降低企业运营成本。通过省际客运联网售票系统，有利于公、铁、民航联运，实现旅客零距离换乘，充分发挥道路运输在综合运输网络中的基础性和先导性作用，为推进综合运输体系打下坚实基础。

2.3.6 规范市场秩序，促进公路运输市场良性竞争的需要

旅客出行有其时间规律性，有密集时段和稀疏时段之分，班次时段

不同，经济效益差别巨大。客运线路资源归运输企业所有，拥有线路资源的。各运输企业至客运站运营，在班次时段上存在竞争关系。客运站经营者如果不能在班次时段资源分配、窗口售票等环节上平等对待相关运输企业，则难以维护公平、公正的市场秩序。

当前，部分客运站在使用其原有的售票系统进行售票时，通常会先卖出隶属于其运输公司的车票，对其他公司的车票通过技术手段不卖或少卖。因此，通过本次工程的建设，一方面为旅客提供统一服务平台，由旅客自主选择客运班次、运输企业和车辆，减少人为干预因素，有利于打破客运经营壁垒；另一方面实现全市客运班次数据的汇集，便于运输管理部门全面掌握行业运行数据，加强市场监管，及时纠正和处理不公正行为，研究建立科学的市场资源分配模式，维护公平竞争的良好市场秩序。

第3章 需求分析

北京市省际客运联网售票系统自2004年年底开通以来，已运行8年多，现有系统从设计思路上已无法满足客运行业进一步发展的需要。首先，客运行业的实名售票仅在2011年年底的升级改造项目推出试点，而客运站的窗口售票以及代理点的联网售票仍未推行实名制。其次，政府主管部门、客运站、联网售票中心、代理点、客运公司、出行旅客以及相关行业的业务实体之间缺乏更加深入的信息交换，从而造成省际客运行业在监管、运营及服务三个方面与民航铁路同行仍存在一定的差距。

业务需求将从服务对象、业务需求、功能需求、数据需求以及非功能性需求五个主要方面进行分析，通过整体需求分析的结果进行总体设计和分项建设内容的设计。

3.1 服务对象分析

通过对市省际客运行业组织架构、业务需求等梳理，本系统服务对象主要包括三类。

(1)管理人员

主要包括政府领导/监管人员、联网售票中心领导/管理人员、客运站领导/管理人员、客运公司领导/客运公司管理人员等。

(2)业务工作人员

包括客运站售票、检票、调度、结算、安保、站务、服务台、热线等岗位的员工。

(3)社会公众

包括出行用户和物流用户两大类，其中出行用户包括窗口购票用户、代理点购票用户、网站用户、农民工团体、到站用户、接站用户等；物流用户包括行包发送用户、接收用户、寄存用户等。

各服务对象的需求如表3-1所示。

服务对象分析 表3-1

对象类别	服务对象	服务需求
管理人员	政府主管领导	查看行业安全运行、运力资源配置效率及公共服务水平的动态监管报表、图表； 查看监管建议、结论报告
	监管人员	查看动态监管数据以及预警信息； 根据预警信息启动应对流程
	联网售票中心领导	查看不同售票形式(窗口售票、代理售票、网站售票)的运营情况、结算情况等； 动态监测高峰时期网站售票及待取票的情况； 了解票据发放、线路发班等情况
	联网售票中心管理人员	对外发布综合出行相关信息(行业信息、公告信息、天气信息、地理位置信息及其他基础服务信息等)； 查看并回复用户的投诉建议信息； 解决用户注册，在线购票、退票的相关问题； 查看网站用户、售票、退票、订单、对账等统计及明细信息； 面向客运站、代理点、保险公司、银联的结算工作； 信息系统的维护管理
	客运站领导	查看票务、站务、行包的运行情况； 查看不同线路的运力配置情况； 查看客运站的整体营收情况； 应对突发事件，启动相应预案
	客运站管理人员	审核客运公司、车辆、驾乘的运营资质； 检查规范业务流程； 站内公众信息发布； 客票、行包的票据管理工作； 信息系统的维护管理
	客运公司领导	查看公司营收情况； 组织调整运力配置
	客运公司管理人员	查看车辆、驾乘人员的出勤、违章情况； 落实运力配置

续上表

对象类别	服务对象	服务需求
业务工作人员	客运站售票员	查询客运站、线路、站点、班次、票价、车辆相关信息； 售卖实名普通票、半价票、团体票以及保险票； 受理普通退票及特殊退票业务
	代理点售票员	查询客运站、线路、站点、班次、票价、车辆相关信息； 售卖实名普通票以及保险票； 受理普通退票业务
	检票员	执行班次开检操作，验证消毒、车检、报班是否通过； 按班次检票上车、配载行包至合适的车辆； 打印、作废、查询结算单
	调度员	生成当日及预售天数的各线路发班计划； 根据实际情况调整发班类型、时间、检票口、车型、座型、票价、停班、复班等操作； 将实际承运车辆与计划班次绑定报班，打印报班条，指定备班位、站台位以及上位时间
	结算人员	月末按客运公司、客运车辆进行分组结算，并扣除各类自动、手工发生的费用，打印结算报表； 每日收取各个岗位的营收票款
	落货受理人员	到站货物的入库登记，指定仓库存储位置； 通知收货人员取货，收取保管费用，打印出库单； 查询货物位置以及入库、出库信息
	安保人员	针对车辆主要项目进行安全检查； 针对车辆、驾乘的运营资质检查
	服务台咨询员	查询各站线路、班次、票价及余票信息； 查询停班、复班、加班及晚点的情况
	热线咨询员	查询各站线路、班次、票价及余票信息

续上表

对象类别	服务对象	服务需求
社会公众 （出行用户）	窗口购票用户	咨询线路、班次、目的地、余票、票价、车辆信息； 使用有效证件购买各站车票和保险票，包括儿童票和团体票； 因天气等原因停班的特殊退票和带手续费的普通退票
	代理购票用户	咨询线路、班次、目的地、余票、票价、车辆信息； 使用有效证件购买各站车票和保险票，不能购买儿童票和团体票； 带手续费的普通退票
	网站用户	浏览网站公告、行业信息及其他基础信息； 在线查询各种预售期、线路、班次、目的地、余票、票价及车辆信息； 在线购买车票、保险票，每个证件当日只能购买一张车票、每个账户当日最多购买3张车票，不能购买当天发车班次； 只有实名注册用户才能在线购票，购票成功后收到短信通知； 针对出行环节或服务对象提交投诉或建议信息，并给出评分
	农民工团体	根据网站公布的电话到相应的客运站直接购买农民工团体票
	到站用户	了解换乘地铁、出租汽车、公交车的信息
	接站用户	了解车辆预计到达时间，是否晚点

3.2 业务需求分析

3.2.1 省际客运联网售票服务

北京市省际客运行业目前有站内窗口、站外代理点、互联网三种售票方式，本次系统建设支持三种售票方式，同时预留电话订票、邮政、手机购票等多元化售票方式的接口。

1)售检调结业务流程

售检调结是联网售票服务的核心业务，主要业务内容包括以下几个方面：

(1)创建班次计划并根据实际情况进行动态调整(如停班、复班、加班以及调整发车时间等)。

(2)对承运车辆与指定班次进行绑定,为社会公众出行选择相应的参考。

(3)依据调度创建好的班次开展窗口售票工作,窗口售票需要依托新建的系统实现实名售票。

(4)在发车前对乘客进行实名检票。

(5)统计结算工作:按照规定,定期进行售票统计、检票统计、工作量统计以及与其他相关单位进行对账和结算的工作。

售检调结业务流程如图 3-1 所示。

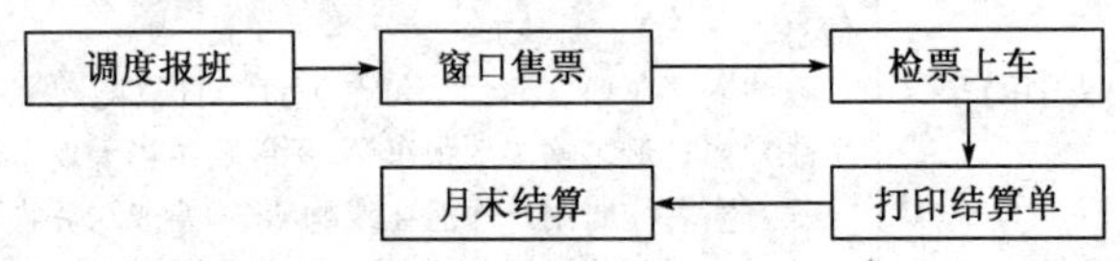

图 3-1 售检调结业务流程

售检调结流程说明见表 3-2。

售检调结业务流程 表 3-2

序号	步骤	流程描述
1	调度报班	通过调度创建当天及预售的发车计划,并根据实际情况调整发班时间、停班、复班、加班等信息;通过报班实现承运车辆与指定班次进行绑定,并开通报班可售班次的窗口售票和联网售票(不含网站售票,网站只卖预售票)
2	窗口售票	通过身份证等有效合法证件售卖客票和保险票,除了本站发车客票,还可以售卖其他客运站发车的客票以及其他站发车本站上车的配载票;通过双屏售票能够显示报班车辆的照片、配置情况以及运行时间等信息
3	检票上车	已拿到客票的旅客在候车大厅等候检票,网售电子票到客运站指定窗口或自助取票机领取纸质客票然后等待检票;客运站通过广播和检票屏发布班次开检信息,检票后依据站台屏的指示到相应的站台位上车

续上表

序号	步骤	流程描述
4	打印结算单	当检票完毕以及行包装车完毕后，在检票口打印一式两份结算单(包括客票和行包的可结算费用)，作为客运公司或车主月底对账结算的依据
5	月末结算	每月末，客运公司财务人员携带本月所有运营车辆的结算单到客运站的财务去结算，在结算之前也可以通过网络先行对账，以提高结算效率

2)站外代理点售票业务流程

出行用户通过分布在北京各区县的代理售票点，使用合法有效的证件购买11家客运站的长途车票，站外代理点购票业务流程如图3-2所示。

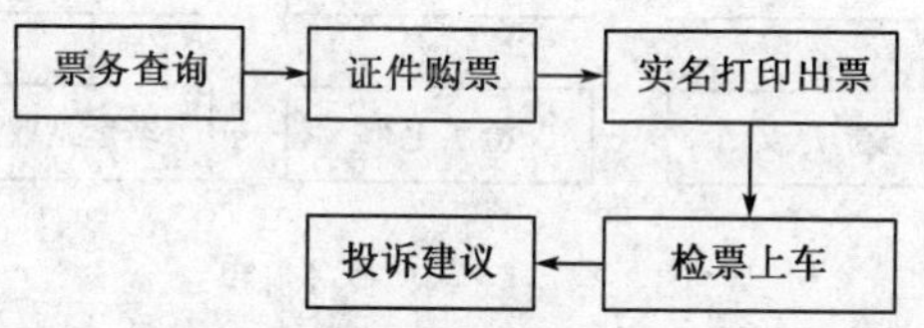

图3-2 代理点购票业务流程

站外代理点购票流程说明见表3-3。

代理点购票业务流程说明 表3-3

序号	步骤	流程描述
1	票务查询	通过查询功能获取各客运站的预售线路和班次信息以及所有线路和发班信息
2	证件购票	实现实名制购票，乘客需使用合法、有效的身份证件购票，证件包括身份证、学生证、港澳通行证、官兵证、护照、台胞返乡证等
3	实名打印出票	完成车票购买后，代理点打印出票
4	交票上车	在候车大厅等待所乘班次的开检，如有变化则站内广播以及检票屏都有相应的提示

续上表

序号	步　　骤	流程描述
5	投诉建议	出行中的各环节如遇到问题可通过联网售票中心电话投诉或者登录网站投诉，投诉的对象包括联网售票中心、客运站、客运公司、车辆、驾乘等主体，如发现有不方便完善的地方可以提出合理化建议

3)网上售票业务流程

互联网用户通过北京省际客运信息网实现在线购买长途车票，并通过网站服务评价栏目实现对网站服务、出行环节以及服务主体进行公开的监督评价，同时可以作为行业服务质量监管的原始数据来源，网上购票业务流程如图3-3所示。

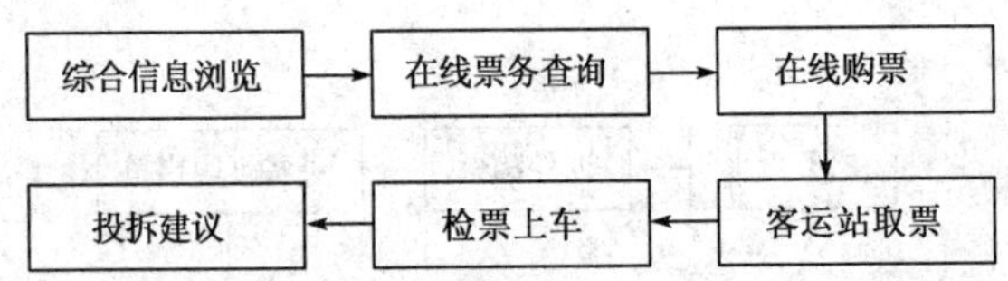

图3-3　网上购票业务流程

网上购票业务流程说明见表3-4。

网上购票业务流程说明　　表3-4

序号	步　　骤	流程描述
1	综合信息浏览	网站用户在购票之前先要了解相关出行信息，如客运站信息、车型信息、网站公告、购票流程、取票注意事项等内容
2	在线票务查询	通过查询功能获取各客运站的预售线路和班次信息以及所有线路和发班信息；只有注册用户才能购买车票，否则只能查询
3	在线购票	登录后，选择客运站、日期、线路、目的地和班次号等信息，每个乘客当天只能购买一张车票，每个账号当日最多购买三张票，每张客票要填写证件类型、证件号码以及乘车人姓名；保险票则作为可选项购买；提交订单后，进入银联页面选择银行卡的开户银行进行支付，支付成功则进行电子票的锁定操作，并通过短信发送给客户的订单信息以及电子取票单号

续上表

序号	步　骤	流程描述
4	客运站取票	发车前，乘车人携带购票时所用身份证件和电子取票单号到客运站指定窗口或自助取票机(只支持二代身份证刷卡验证，其他类型证件只能人工验证)进行取票，然后等待检票上车
5	检票上车	在候车大厅等待所乘班次的开检，如有变化，站内广播以及检票屏都会有相应的提示
6	投诉建议	出行中的各环节如遇到问题可通过联网售票中心电话投诉或者登录网站投诉，投诉的对象包括联网售票中心、客运站、客运公司、车辆、驾乘人员等主体，如发现有不方便完善的地方可以提出合理化建议

3.2.2 省际客运行业监管服务

根据政府监管职能，省际客运行业安全运行、运力资源配置效率以及公共服务水平这三大方面是主管部门、领导监督管理的重点工作。

省际客运安全运行管理方面主要针对行车事故及伤亡数据、货物检出危险品/违禁品情况、客运站旅客聚集滞留情况、运营公司的运营资质/安全管理情况、运营车辆的运营资质/安全检查/出勤/卫生消毒情况、驾乘人员的运营资质/安全检查/出勤/健康情况等进行监测，并根据监测结果制订安全运行的政策和监管目标。

运力资源配置效率管理方面主要针对售退票数/售退票金额/不同证件类型的旅客比例、进出京旅客人数/儿童占有比例、整体或线路或客运站的发班数量/上座率/实载率/夜间行驶发班情况、货运总单数/与客运的比例等进行监测，并根据监测结果进行运力资源配置效率的管理和监管。

公共服务水平管理方面主要针对出行环节(信息咨询、窗口售票、代理售票、网站售票、窗口退票、代理退票、网站退票、站内取票、站内候车、检票上车、行包受理、到站取货、小件寄存、保险赔付等环节)以及服务主体(联网售票中心、客运站、客运公司、代理点、承运车辆、驾驶员、乘务员等服务主体)的投诉、建议和满意度评价的汇总情况进行监管,行业监管的业务流程如图 3-4 所示。

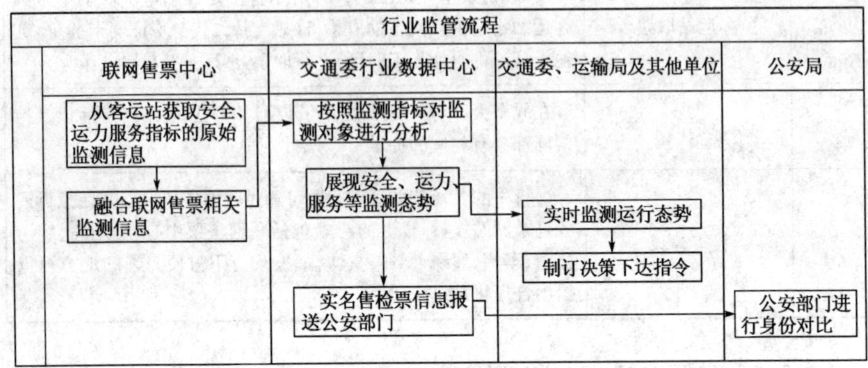

图 3-4　行业监管业务流程图

行业监管业务流程说明见表 3-5。

行业监管业务流程说明　　表 3-5

序号	步　骤	主 要 描 述
1	采集原始监测信息	从 11 家客运站动态采集实名窗口售票、实名检票、线路、发班、客流、车辆安检、驾乘安保、行包安检、客运公司等原始监测信息
2	融合联网售票监测信息	将网站售票、代理点售票数据与客运站售票数据相融合形成北京市省际客运行业的完整票务数据;并汇集网站服务评价数据以及电话投诉等相关信息,传输到交通委,完成监测信息采集工作
3	按照监测指标对监测对象进行分析	根据指标体系定义的计算公式,按照不同的统计周期(小时、日、周、月、年、节假日及客运高峰等)、不同的统计口径(客流、安全、票务、售票财务、客车运行、线路流量、客运站、行包、客运公司以及服务质量等)进行监管指标的动态计算
4	监管指标动态展现	可采用统计表格、图表以及建议结论报告等多种形式,也可以按区域、监管类型、指标类型等多个维度进行监测态势展现,从不同的方面展示监测运行的态势

续上表

序号	步　骤	主 要 描 述
5	监测信息共享给其他部门	可以将监测的态势信息和原始信息传送给其他部门，如将实名制信息传递给公安部门，为公安部门进行身份验证、犯罪排查提供原始数据服务
6	制订决策下达指令	根据监控预警信息，督促客运站提前预防可能发生的突发事件；根据运力紧张或空闲信息，及时优化线路资源；根据投诉建议信息，促进行业整体服务质量提升

3.2.3 省际客运综合数据交换服务

省际客运综合数据交换服务主要完成两个层面的数据交换工作：客运站的数据到联网售票中心的交换；联网售票中心的融合数据到交通行业数据中心的交换。对外交换则包括交通行业数据中心为政府相关系统提供共享数据资源以及联网售票中心相关结算单位(保险公司、中国银联公司以及代理点等)提供交易、对账、结算等信息，数据交换流程如图 3-5 所示。

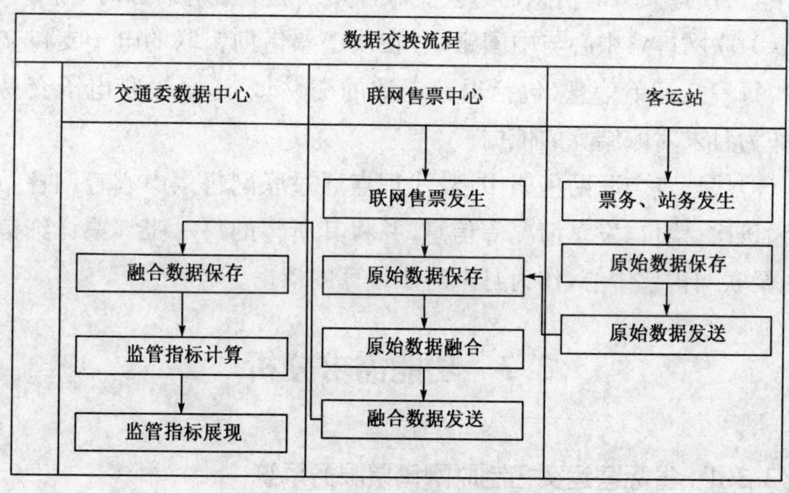

图 3-5　行业监管数据交换流程

(1)客运站与联网售票中心:将客运站的客流、售检票、发班、车辆安检、驾乘安保、行包等信息同步至联网售票中心。

(2)联网售票中心与交通行业数据中心:在融合客运站监管数据的基础上,将完整的行业监管数据同步至交通委行业数据中心,作为指标处理、计算、展现的基础。

(3)交通行业数据中心与应急指挥系统:将各客运站的安全预警信息或突发事件信息发送至应急指挥系统。

(4)交通行业数据中心与 TOCC 系统:为其提供进出京车流、客流的动态信息。

(5)交通行业数据中心与两客一危系统:为其提供运营车辆的安全检查情况、驾乘的安保情况。

(6)交通行业数据中心与市公安局信息系统:将实名售检票、实名托运寄存的信息发送至公安局信息系统,通过身份比对,查找犯罪分子、嫌疑人的活动踪迹,为社会安全保障提供一个新的有力途径。

(7)行业数据中心与公交服务热线系统:将客运站、线路、发班、票价、余票、预售天数等信息通过公交服务热线提供给电话咨询用户。

(8)联网售票中心与中国银联:在线售票借助银联的电子支付交易平台,每一笔订单信息(包括退票退款的交易)发送至银联电子交易平台,作为月末对账结算的依据。

(9)代理点与联网售票中心:代理点通过联网售票中心查询各站的线路、班次、票价、发车情况等信息,并将其所售的每一张客票详细信息发送至联网售票中心,作为月末对账结算的依据。

3.3 功能需求分析

3.3.1 省际客运实名制联网售票服务系统

通过系统建设,将使北京省际客运行业支持更多的售票方式,包括窗口实名售票、实名检票、线下取票、调度报班、网络结算、站间互售、配载售票、网站售票、代理点售票，同时通过综合数据交换系统以及业务数据接口子系统预留其他售票方式接口，包括电话订票、自助购票、手机购票等。后台业务功能还包括统计结算、业务管理、保险售票管理以及代理售票管理等子系统。

通过发布多种类型的信息内容，为旅客提供更加细致丰富的服务。包括在线查询子系统（通过联网售票中心网站对外统一提供各个北京客运站的线路、发班、票价、车辆、驾乘人员等方面的动态信息）、关联信息服务子系统（当乘客通过网站或手机终端完成购票操作后，围绕着始发地和目的地为用户提供密切相关的一条龙式关联信息服务，在为乘客出行提供丰富的实用信息服务的同时，也为行业网站开拓出新的盈利增长点），短信告知子系统（在线购票成功后，网站自动将乘车站、发车日期、班次、票价、数量以及取票单号等信息及时通过手机短信发送给用户）以及服务评价子系统（服务评价体系，让每一位乘客都能够通过行业网站针对联网售票中心、客运站、客运公司、驾乘人员等直接评价服务水平，进行打分评级）。

互联网用户通过北京省际客运信息网实现在线购买长途车票，并通过网站服务评价栏目实现对网站服务、出行环节以及服务主体进行公开的监督评价，同时作为行业服务质量监管的原始数据来源。

投诉服务系统需要提供2条直拨电话对外服务，满足对社会公众投诉咨询的通话录音，提供IVR语音导航、来电录音、来电转移、语音信箱、PSTN电话/IP电话呼入呼出、自动话务员、免打扰、呼叫保持、呼叫转移、呼叫等待、来电显示、系统回叫、拨号限制、系统资源配置管理、话务报表统计、坐席配置管理、系统状态监控等相关功能，确保对公众服务的规范化、标准化，提高社会公众的满意度。

3.3.2 省际客运行业监管系统

行业监管系统将联网售票中心所汇总的11家客运站的票务、车辆、驾乘人员、行包等运营数据并融合联网售票原始数据，通过交换系统动态同步至交通委行业数据中心，按照指标体系规定要求对监测目标进行综合分析，最终实现交通委、运输局及其他相关单位针对省际客运行业的动态监管，同时实名售检票信息也将传送至公安系统平台，从而确保省际客运行业的安全运行、运力资源配置效率以及公共服务质量的整体提升。

3.3.3 省际客运综合数据交换系统

通过交换平台实现客运站与联网售票中心之间、联网售票中心与交通委行业数据中心之间的原始业务数据交换。通过数据接口实现以下三个方面的数据传输。

(1)行业数据接口：包括在线查询接口、在线购票接口、网购取票接口、保险数据接口。

(2)关联数据接口：包括应急指挥系统接口、TOCC 系统接口、公安系统接口、两客一危系统接口、公交服务热线系统接口。

(3)预留数据接口：包括电话订票接口、自助购票接口、手机购票接口。

3.4 数据需求分析

3.4.1 业务数据分类

业务数据主要包括政府监管、联网售票服务、站务综合服务三个方面的业务数据，具体的数据分类以及主要的业务数据内容见表 3-6。

3.4.2 数据处理量

数据处理量主要针对应用系统而言，表明一个应用服务器的处理能力，通常数据处理量用 TPCC 的值进行表示，考虑到应用系统运行的周

业务数据分类表 表 3-6

业务	分类	主要业务数据
政府监管	客流指标	进京旅客数、出京旅客数、出京儿童数、出京儿童比例、出京儿童单车最大比例
	安全指标	安检检出率、行车事故次数、事故伤亡人数、事故伤亡儿童数、事故伤亡儿童比例
	票务指标	售票总数、待检总数、保险总数、退票总数、进站持票率
	售票财务指标	售票总额、保险总额、退票总额、退保险票总额、净票款总额、净保险总额
	客车运行指标	总发班数、总加班数、总停班数、正点率、上座率、夜间行驶发班数、夜间行驶发班率、进京客车数
	线路流量指标	线路总数、线路总班数、线路总检票数、线路总座位数、线路实载率、线路上座率、线路加班数、线路停班数、线路正点率
	行包指标	总受理单数、总受理金额、总落货单数、总寄存数
	客运站指标	客运站总数、总班数、总检票数、总座位数、实载率、上座率、加班数、停班数、正点率、客运公司总数、驾驶员总数、驾驶员出勤率、驾驶员安保合格率、乘务员总数、乘务员出勤率、车辆总数、车检合格率、发车正点率、车辆出勤率
	客运公司指标	客运公司总数、驾驶员总数、乘务员总数
	服务指标	表扬总数、投诉总数、建议总数、满意度评分
联网售票服务	在线售票	始发站、预售时间、线路、班次、目的地、票价、车型、车辆照片、车辆配置、乘车人证件类型、证件号、姓名、购票数、购保险数、退票手续费、订单号、取票单号、短信告知内容等

续上表

业务	分　　类	主要业务数据
联网售票服务	班次调度	线路名称、目的地、班次号、发车时间、途经站点、车型、座位类型、总座位数、可售座位数、票价、售票类型、发班类型、检票口、计划车辆、停班、复班、停班原因、调度员等
	车辆报班	线路名称、目的地、班次号、发车时间、报班时间、车型、座位类型、总座位数、可售座位数、班次类型、报班车辆、替班车辆、报班员
	窗口售票	售票站、始发站、售票工号、票据票段、预售时间、到达站点、票价,乘车人姓名、证件类型、证件号码、票数、保险数、余票信息、退票手续费等
	检票上车	检票口、检票时间、站台号、结算单、检票员等
	月末结算	客运公司、承运车辆、可结票款、可结货款、站务费、管理费、传递单费用、结算员、结算时间等
	代理售票	代理点、代理工号、票据票段、始发站、预售时间、线路、班次、目的地、票价、车型、车辆照片、车辆配置、乘车人证件类型、证件号、姓名、购票数、购保险数、退票手续费等
	站间售票	售票站、售票工号、票据票段、始发站、预售时间、线路、班次、目的地、票价、车型、车辆照片、车辆配置,乘车人证件类型、证件号、姓名、购票数、购保险数、退票手续费等
	配载售票	售票站、售票工号、票据票段、始发站、上车站、预售时间、线路、班次、目的地、票价、车型、车辆照片、车辆配置,乘车人证件类型、证件号、姓名、购票数、购保险数、退票手续费等
	月末结算	售票数、售票金额、退票数、退票金额、售保险票数、售保险金额、退保险数、退保险金额、站务费、银联交易手续费、联网服务费等
	综合信息服务	网站公告、行业信息、法律法规、购票指南、天气信息、车型信息、客运站信息、代理点信息等
	用户信息	注册用户、管理用户、角色、权限、日志等
	服务评价	评价:表扬、投诉、建议、满意度评分; 服务主体:联网售票中心、客运站、客运公司、代理点等; 出行环节:信息咨询、窗口售票、代理售票、网站售票、窗口退票、代理退票、网站退票、站内取票、站内候车、检票上车、承运车辆、驾驶员、乘务员、行包受理、到站取货、小件寄存、保险赔付等

期性规律，可分为日常业务和峰值业务，峰值业务量远大于日常业务量，因此，系统建设应满足峰值业务处理的需求，对业务应用系统的数据处理量基于在峰值、理论极端情况下进行的估算如表3-7所示。

应用系统在线人数估算表　表3-7

序号	应用系统	用户数（人）	估算说明
1	行业监管系统	130	交通委：20人 运管局：省际客运处10人 各区县管理处16×5=80人 TOCC：10人 其他单位：10人
2	实名制联网售票服务系统	500	需要支持500人在线
3	实名制联网售票数据库	745	网络：500人在线 代理点：122家 客运站：11家，120个终端 取票终端：11家、每家配1台
4	管理系统	110	联网售票中心：10人 客运站：11家×6人/家=66人 客运企业（运营单位）：9家×3人/家=27人

按照服务器信息处理量的计算工时

$$TPCC = 同时在线人数 \times M2 \times M3/(1-M1) \times M4$$

式中：M1——CPU的闲置率，取为60%；

M2——联机事务处理所对应的tpmC值，一般M2取5～15；

M3——平均1min内的操作业务数；

M4——预留未来系统扩展的参数。

各部分的应用服务所需TPCC值如表3-8所示。

各应用的服务器所需 TPCC 估算表 表 3-8

序号	应用系统	用户数	M2	M3	M4	TPCC 值
1	行业监管系统	130	10	5	3	48 750
2	实名制联网售票应用系统	500	10	8	3	300 000
3	实名制联网售票数据库	745	12	8	3	536 400
4	管理系统	110	12	8	3	79 200

3.4.3 数据存储量

规划五年的总数据存储量为 3 720GB≈3.7TB 左右，按照 30%数据量冗余估算，需要至少 4.9TB 的空间，采用 RAID5 方式进行存储，需要预留至少 25%的冗余空间，则最终数据存储量为 4.9×1.25≈6.2TB，建议采用 7TB 以上的存储容量，如表 3-9 所示。

资源存储量估算表（单位：GB） 表 3-9

序号	数据资源类别	现有数据存储量	数据更新量		规划容量（五年）
			年更新	五年更新	
1	基础信息数据库	2	5	25	27
2	行业监管数据库	2	50	250	252
3	票务数据库	126	100	500	626
4	保险数据库	30	60	300	330
5	行包数据库	20	30	150	170
6	站务数据库	189	330	1 650	1 839
7	应急数据库	20	10	50	70
8	统计结算库	46	50	250	296
9	运维日志数据库	10	20	100	110
总计		445	655	3 275	3 720

3.5 非功能性需求分析

3.5.1 系统基本要求

(1)实用性

根据系统要求出发,按照系统投入结合具体运用来设计,最大限度地满足各项功能要求,确保实用性,提高设备的日常使用效率。同时系统应具有良好的性能价格比。

(2)稳定性

省际客运售票管理的工作特点决定了针对用户在访问应用的过程中必须达到很高的实时性、可靠性与稳定性,如果没有稳定可靠的信息交互作为保证,就有可能使业务处置工作缺少依据而做出错误的决策,从而造成经济损失,降低客户满意度,进而对监管工作产生负面影响,造成不可估量的社会负面影响。

(3)扩展性

系统建设要考虑到信息化技术发展迅速、新技术更新不迭的现状,在系统设计、产品选型等方面要具有先进性并预留有扩展接口,以保证系统拥有较长的生命周期。

(4)标准化

系统的建设要考虑到行业整体信息化建设规划,按照国务院、北京市下发的电子政务平台建设标准进行设计开发。

3.5.2 系统性能需求

本项目的性能需求主要指作业响应时间方面的要求,作业响应时间指完成目标系统中的交互或批量处理所需的响应时间。

根据业务处理类型的不同,把作业划分为两类:交互类业务和查询类业务,分别给出响应时间要求的参考值,包括峰值响应时间、平均响应时间。

(1)交互类业务

交互类业务是指平时工作中在系统中进行的业务处理,如录入、修改或删除一条记录、发布一条信息等操作。

平均响应时间:0.5～1s。

峰值响应时间:1～2s。

(2)查询类业务

查询业务由于受到查询的复杂程度、查询的数据量大小等因素的影响,需要根据具体情况而定,在此给出一个参考范围:

简单查询平均响应时间:1～3s。

复杂查询平均响应时间:3～5s。

3.5.3 建立标准化需求

系统建设需要遵循相关的行业标准、数据标准、安全标准等要求。

3.5.4 其他需求

1)利旧要求

通盘考虑整体业务需求和安全需求,充分利用行管部门、联网售票中心及各客运站目前的信息化成果服务于本项目的建设。在对现有主机服务器及网络设备进行详细调研的基础上,利用旧原有可用的硬件设备,设计硬件平台及网络系统方案。如原有设备不能满足特定的需求,可以通过调换拓扑位置的办法或硬件扩容的手段使其满足需求,并得到充分利用。

2)适应未来业务发展、变化的要求

在进行本系统的方案实施时,不单要考虑现有业务的需求,也要考虑未来业务发展变化的需求。这体现在硬件系统、网络系统设计及业务应用系统技术路线设计、基础工具软件选型方面。

3)满足业务需求变化

本项目的业务系统要随着交通业务形势的变化随需应变,要有足够的柔性来满足业务发展变化的需求。

4)设备的适应与扩充要求

在实施网络系统及硬件系统方案时,系统结构一定要支持在不断电的情况下增减设备,性能指标有一定的冗余。在设备选型时,要注意设备的扩充能力,当信息量增加设备性能不能满足需求时,可以通过简单的增加板卡手段来满足需求。

5)满足数据共享与集成的要求

当业务的发展需要建设新的应用系统时,可以充分享用已有的数据资源,最大程度满足数据共享的需求,实现“一个数据,在一处,录入一次,全局共享”数据集成目标。

第4章 总体设计

4.1 设计原则

根据北京市联网售票系统现状和实际情况，本着加强行业信息资源交换共享力度，提升动态监管和行业整体服务水平，提高旅客进站持票率及车辆实载率，辅助科学决策、推进优质服务的相关要求，系统建设遵循以下原则。

(1)统一规范，标准先行

信息系统建设标准规范是纲领，没有全面完整的技术标准和管理规范作为指导，信息系统的建设将会陷入无目标、无标准、无组织、无约束的混乱状态。在项目之初，应制订完整、翔实的业务、技术规范策略，包括项目管理的规范策略和信息资源整合的数据组织规范标准等。

(2)继承发展，经济适用

全市联网售票系统工程的建设，应考虑对现有信息化投资的保护，充分考虑与现有投资的兼容和利用，包括对原有应用系统、数据的兼容和保留利用，以及对原有主机、网络、存储等软硬件设备的兼容和利用，按照“继承发展、经济适用”的原则，最大限度地避免人力和物力的浪费，保护已有投资，对原有系统和资源进行相应的升级改造、整合利用，并保证升级工程的有序实施和业务流畅过渡。同时要兼顾考虑与其他系统的对接，与交通运输部的互联互通，保证数据的共享交换，避免形成孤岛，保证系统的可扩展性和适用性。

(3)服务为本，监管并重

以服务为主线，强化服务职能和应用，强调服务方式的多样性。充分体现“服务公众”的理念，以方便公众购票、出行为宗旨，应用系统功能的设计以及软硬件设备的选型应充分考虑如何方便公众购票、乘车，着重提高道路客运的公众服务能力。围绕需求迫切的业务管理和领导科学决策需求，讲究实效，同时确保后期应用达到预期的效果。落实这一理念需要贯彻和执行信息化服务的“监管并重”原则，“监”要求所采集的数据是充分和有效的，“管”要求对所采集数据的利用是科学和充分的。

(4)技术先进，安全可靠

联网售票系统是否能切实发挥功效，关键在于能否应对黄金周、春节等大型节假日高峰客流冲击的风险。系统设计、软硬件选型和网络性能、安全防范等应充分考虑系统运行和业务开展的稳定性、可靠性和突发事件下的灵活性。同时在不脱离实际的前提下，借鉴国内外先进经验开展建设工作，采用符合当前发展趋势的先进技术，并充分考虑技术的成熟性。加强核心技术的自主研发和成果应用，优先采用国产设备和系统，保障平台的平稳运行，使系统设计具有可用性、先进性和前瞻性，具备不断容纳新技术的能力，在较长时期内保持一定的先进性，并对运行管理模式、系统功能进行合理设计，保障系统安全有效的运行。

(5)落实机制，确保长效

为保证联网售票系统切实发挥功效，要通过各种管理规则、机制的设计来保障系统长期有效的运行。特别是本工程涉及联网售票中心的运营管理模式、票务管理模式、清分结算规则等设计，将影响系统日后的运营及推广效果，而不同的管理模式对于系统总体框架、应用系统的设计都具有重要影响。因此，系统设计过程中应充分考虑上述影响因素，对运行管理模式、系统功能进行合理设计，以保障系统长期有效的运行。

4.2　总 体 目 标

建设集实名制联网售票、行业安全运行监管、数据共享交换于一体的省际客运行业信息化管理系统，形成省际客运行业运行监管、实名制售检票、公众出行服务三大功能。通过系统建设，提升省际客运行业服务的精细化水平，方便群众购票和出行，支撑政府与公众的沟通、互动；提高客运站服务水平和运行效率，实现不同业务系统间的数据共享、协调联动；加强省际客运行业的政府监管力度，建立自动化、信息化、标准化的监测数据实时报送体系。

4.3 建设内容

本项目将建设省际客运实名制联网售票服务系统、省际客运行业运行监管系统、综合数据交换系统三个主要应用系统，基础软件、硬件等支撑系统依托现有设备进行升级改造，本书不做重点论述。

4.3.1 实名制联网售票服务系统

升级建设联网售票系统，完善售票、检票、调度报班、结算等功能，在现有站间互售、配载售票、代理售票、网站售票等多种售票形式基础上，全面支持实名制联网售票。同时在系统设计上，为将来拓展其他新的联网售票形式做好技术准备工作，并在适当时机逐步推出电话订票、自助购票、手机购票等新的售票形式，为公众出行提供更多的便利。

4.3.2 行业运行监管系统

通过对省际客运行业票务、站务等数据的实时采集与分析，实现北京行业主管部门(如市交通委、运输局及其他相关单位等)对 11 家客运站的客流、线路、发班、车辆、运营、服务投诉、安全等方面信息的动态监测，对安全运行、客运高峰、突发事件等方面实现统计分析及预测预警，为行管部门科学决策提供依据。

4.3.3 综合数据交换服务系统

综合数据交换服务系统采用数据整合、数据交换、资源目录等技术实现。数据共享与交换的节点包括客运站交换节点、主管部门及外部单位交换节点和联网售票中心交换节点。遵循统一的数据共享与交换标准，确保联网售票中心与各站之间、交通行业数据中心与联网售票中心之间数据同步更新，并保证数据的完整性和一致性。

4.4 总体架构

4.4.1 架构体系

北京省际客运实名制联网售票系统体系架构如图 4-1 所示。系统以联网售票的“售检调结”为核心和基础，产生基础票务数据，通过联网售票中心进行汇总交换和统计分析，实现行管部门对行业运行状态的监管和公众出行服务。

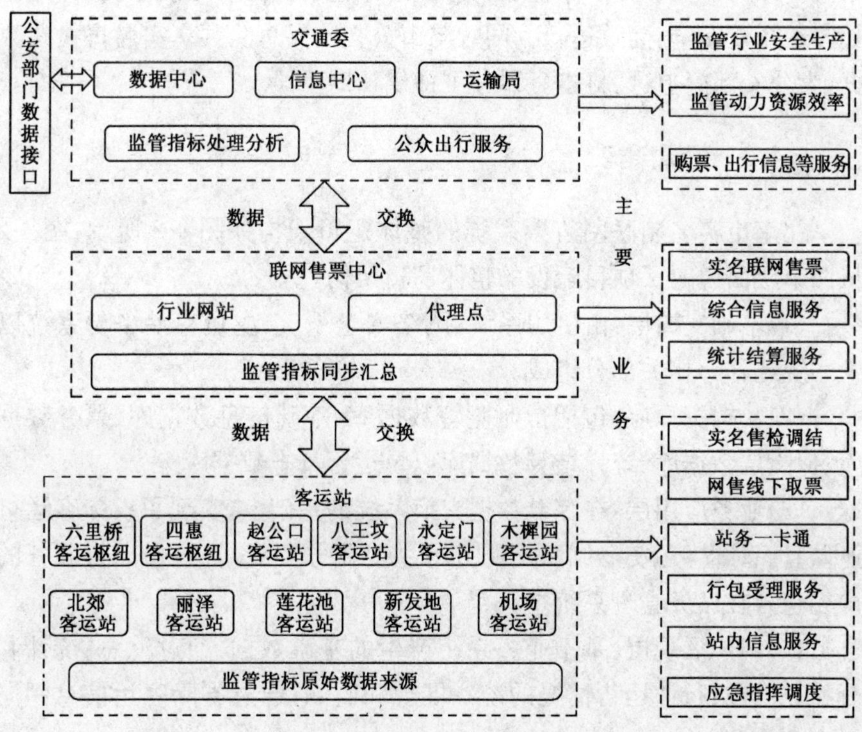

图 4-1　北京省际客运实名制联网售票系统体系架构图

(1)联网售票核心功能支撑站内运营并为行业监管和公众出行提供原始数据。北京目前建设有11家客运站,主要业务包括:实名制售票、检票、调度、结算、网售线下取票以及站内信息服务等业务,通过系统建设支撑上述业务并产生相关业务数据。

(2)联网售票中心汇总交换11家客运站的原始数据。各客运站的数据通过专线实时传输到联网售票中心,结合联网售票的原始数据(站间互售、配载售票、代理售票、网站售票等)进行融合之后同步给交通行业数据中心。

(3)行业管理部门基于联网售票数据进行行业监管,并对公众出行提供服务。通过行业运行监管系统实现行业安全生产监管、运力资源效率监管以及行业服务水平监管,为调整或制订新政策提供依据,保障省际客运行业安全、高效运行。同时与市公交安保总队共享实名售检票数据,为公安部门追逃、打击犯罪分子提供辅助手段。

4.4.2 逻辑架构

北京市实名制联网售票系统的整体逻辑架构如图4-2所示,图4-2从四个层面说明了项目建设的整体逻辑架构。

(1)基础支撑层:由机房系统、网络安全系统、主机存储备份系统以及系统迁移等相关部分组成。

(2)数据资源层:包括行业监管数据库、基础信息数据库、票务数据库、保险票数据库、统计结算数据库以及运行日志数据库等。

(3)业务应用层:在综合数据交换系统的基础上,实现了省际客运行业监管、省际客运实名制联网服务等主要业务功能,将公众出行服务的内容包含在站务管理系统中。

(4)门户展现层:基于业务系统产生的基础数据,通过汇总、统计和分析,实现对行业运行情况的统一展现和监测;通过省际客运信息网向社会公众服务。

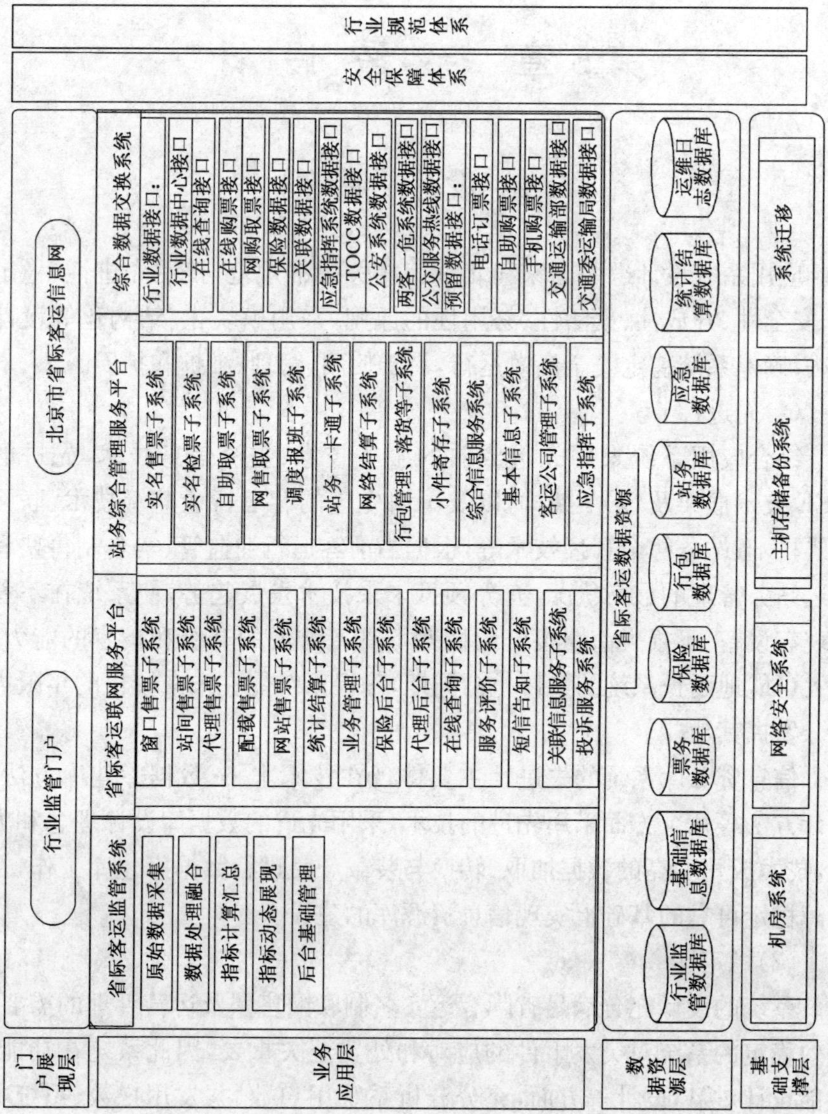

图4-2 北京市省际客运总体逻辑架构图

第5章　系统设计

5.1 设计原则

应用系统设计遵照国家和北京市相关标准规范，按照先进性、稳定性、安全性、开放性、灵活性、易用性的原则，采用模块化、结构化等设计方法，确保系统稳定安全高效运行，易于使用、管理、维护和扩展。

(1)先进性

综合应用系统采用先进成熟的服务技术、主流信息技术，先进的J2EE技术框架及SOA架构，以及国内先进的客运行业监管技术、联网售票技术、站务综合管理技术等，根据当前客运行业监管、实名制售票和客运站务管理的最新状况，充分预见未来技术发展趋势，使系统在不替换现有设备、不损失前期投资的情况下具备方便的升级和扩容的能力，最大可能地延长系统的整体生命周期，确保系统能在未来较长的年限内充分发挥其功能。

信息资源库系统的先进性主要体现在技术水平、数据库建库方法、设计方法等几个方面采用先进的技术，采用先进的数据库设计理念和方法，技术成熟度高的数据抽取、转换与装载产品进行数据库建库工作，在保障稳定可靠的基础上实现信息资源库的建设。

(2)稳定性

系统的设计充分满足省际客运实名制联网售票及运营管理的需要，高效稳定的系统对突发事件的应对和处置至关重要，因此系统在功能、性能设计、接口设计等方面，充分分析系统用户数、并发用户数、系统响应时间、系统容错等各方面因素，保障系统的高效和稳定性。

采取结构化、模块化、集散型、分布式系统构造和控制方式，从系统设计的结构形式和控制方式的角度来提高系统总体的可靠性,分散故障风险,降低系统出现整体故障的可能性。

(3)安全性

系统设计遵循业界和国家信息系统安全标准,采取相关措施防止不安全运行状态的出现,设计完整的安全体系,包括物理安全、网络安全、计算机环境安全、区域边界安全、应用安全和数据安全等。从系统设计上解决数据录入、维护、存储和传输各环节的数据准确性和保密性处理;根据管理职能和角色不同,其功能权限、操作权限和数据权限设置也不尽相同,严格实现权限控制功能;并具有防止非法入侵、病毒攻击和系统崩溃方面的设计和配置。综合应用系统选择成熟、可靠的安全技术,从系统的角度来考虑安全,系统的设计和开发将充分考虑身份认证、访问控制、信息加密和权限控制、系统监控、系统容错等方面,并提供全面的安全机制和措施。

(4)开放性

开放扩展性实质上是要求解决不同系统和产品之间的接口和协议的标准化,以保证它们之间具备互操作性。系统在横向上应具备广泛的兼容性,能兼容多种主流品牌、协议的设备,在纵向上要能兼容各类新老技术和设备,为系统的正常运行和维护打下良好基础。系统设计时采用当前先进设计思想和主流技术,提供富有灵活性和弹性的架构,采用多层结构,满足系统升级、完善以及业务变化所带来的扩展和修改要求。

(5)灵活性

充分考虑各级用户的需求、操作习惯等各方面因素,采用面向服务的架构,跨平台的 J2EE 技术,以及组件化、模块化的设计思想;同时进行自主创新、高标准设计,在界面设计及应用模式上突出实用、高效和灵活方便,提供模板化管理、自定义管理等灵活实用的功能,充分保证系统的灵活性。

(6)易用性

应用系统在功能设计、界面设计及应用模式上突出实用、高效和灵活易用的特点。用户界面中的控件、信息提示措辞、界面配色等都要遵循统一的标准,满足界面直观、功能醒目、易于操作、快速响应等要求;在充分满足业务需要的同时,降低系统的后期维护复杂程度,在功能扩展、系统对接、数据交互、系统调优以及系统出现问题后的系统恢复等方面,方便用户对系统进行维护管理。

5.2 架构设计

5.2.1 业务架构

目前,各省际客运站业务主要围绕着“人”、“车”和“物”三大核心开展运营管理工作——“人”指出行乘客,“车”指承运车辆,“物”指小件行包。实名制联网售票系统的设计需适应和满足客运站的业务架构和需求,各业务系统根据人、车、物出入流程进行业务处理及数据交换流转,如图 5-1 所示。

新建业务在基础架构和上层业务应用等方面与现状相比都有所调整:联网售票中心与各客运站之间的专线网络升级为以太专线网络,与互联网实现物理隔离,传输数据更加安全可靠;新建代理售票后台服务,部署于联网售票中心机房,各代理点通过互联网访问该后台服务,实现代理售票;新建政府监管系统,实现省际客运行业的运行、安全以及服务的全面动态监管。同时,将全面实行实名售检票(含窗口售票、站间互售、配载售票、网站售票和代理售票)以及行包业务(含行包受理、行包入库和小件寄存)的实名制,新建业务关系如图 5-2 所示。

5.2.2 技术架构

本系统采用 B/S 为主、C/S 为辅的混合式技术架构,架构设计遵循平台化、组件化的设计思想,实现统一的数据交换、统一的接口标准、统一的安全保障。总体上采用 SOA(Service-Oriented Architecture)架构模型,各种服务按多层模式组织,这种多层架构可以搭建松散耦合、易于

现在业务关系图
窗口售票、站间互售、配载售票、在线售票、代理售票、保险售票、行包、车辆一卡通、统计结算等
保险公司一
保险票后台服务
互联网用户
个人电脑浏览器
行管部门
省际客运汇总统计
代理点
代理售票客户端
互联网
保险票
互联网
在线售票
人工
客流运力统计
互联网
代理售票
联网售票中心
保险公司二
保险票后台服务
保险票后台服务
行业网站后台服务
联网售票后台服务
代理售票后台服务
代理售票
专网
互联网
保险票
代理售票
专网
专网
站间互售
配载售票
专网
专网
保险票
专网
代理售票
客运站一
售票、检票、调度、结算系统
一卡通系统
行包系统
客运站二
售票、检票、调度、结算系统
一卡通系统
行包系统
图5-1 现有业务关系图

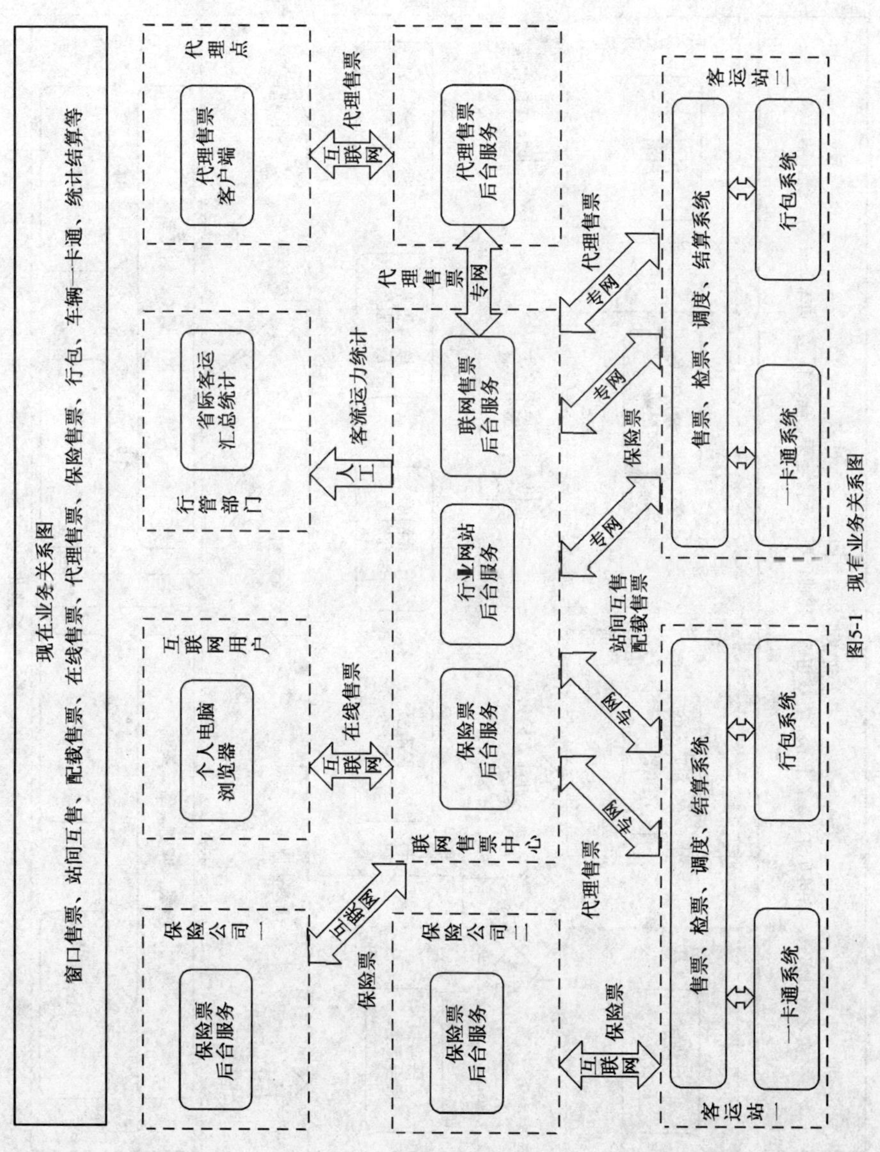

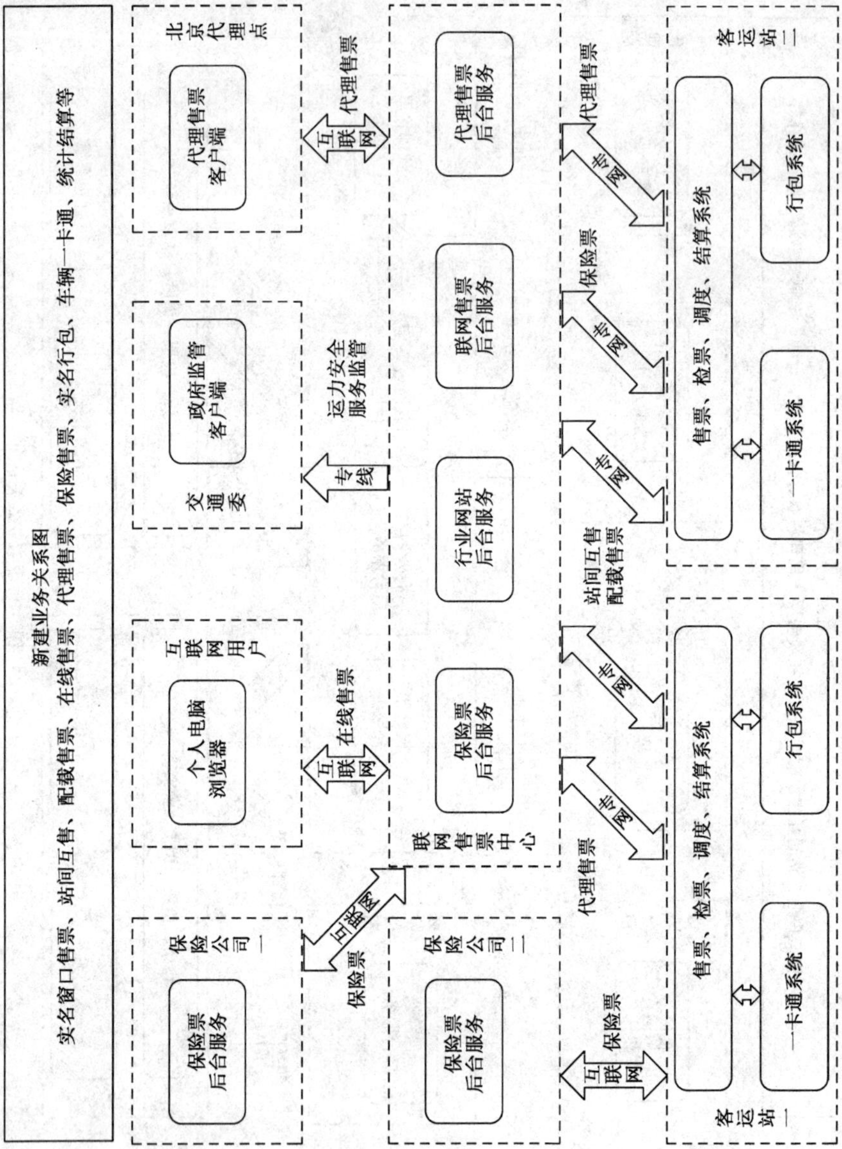

新建业务关系图

实名窗口售票、站间互售、配载售票、在线售票、代理售票、保险售票、实名行包、车辆一卡通、统计结算等

保险公司一：保险票后台服务

互联网用户：个人电脑浏览器

交通委：政府监管客户端

北京代理点：代理售票客户端

互联网 保险票

互联网 在线售票

专线 运力安全服务监管

互联网 代理售票

保险公司二：保险票后台服务

联网售票中心：保险票后台服务、行业网站后台服务、联网售票后台服务、代理售票后台服务

互联网 保险票

专网 代理售票

专网 站间互售配载售票

专网

专网 保险票

专网 代理售票

客运站一：售票、检票、调度、结算系统；一卡通系统；行包系统

客运站二：售票、检票、调度、结算系统；一卡通系统；行包系统

图5-2 新建业务关系图

复用、可扩展性强的应用，除了方便软件开发的组织和实施外，也便于日后系统的维护和扩展。SOA 架构模型则可以更好地满足系统的组件化、互操作、模块化、可伸缩等特性，实现当前或今后信息化建设中更多的资产重用，快速响应业务需求变化，SOA 架构具有的规范统一性和高度的开放性，可以保证平台建设能满足不断扩展的业务需要。

系统由下至上分为三层主框架：数据服务层（细分为数据访问交换层和数据层）、业务层及用户展现层。系统总体架构如图 5-3 所示。

1)数据服务层

数据服务层由数据层和数据访问交换层构成。数据层包含各种类型的持久化数据，数据访问层用来提供各类数据的统一访问的接口。

(1)数据层

数据层主要用来持久化存储各种类型的数据，具体包括：基础信息数据库、行业监管数据库、票务数据库、保险数据库、行包数据库、站务数据库、应急数据库、统计结算库、运维日志数据库。

(2)数据访问交换层

在数据访问层中，主要采用数据访问模式进行数据的读写操作。采用接口抽象出数据访问逻辑，针对不同的数据载体具体实现数据访问接口，对于不同数据的访问通过数据适配器实现统一接口。

综合数据交换系统采用数据整合、数据交换、资源目录等技术实现客运站交换节点、政府部门及外部单位交换节点和联网中心交换节点之间的数据交换。

2)业务应用层

业务应用层通过数据访问层实现对联网售票及行业监管相关数据的存取操作，同时对用户展现层提供相关的业务支持。

业务应用层封装了省际客运实名制联网售票及运营管理服务系统的核心业务逻辑，依托业务支撑，实现日常运行的核心业务流程，为运行调度工作中各类业务提供统一、通用的环境，实现实名制联网售票及运营管理服务系统的“平台化、分层化、组件化、一体化”的总体技术体系

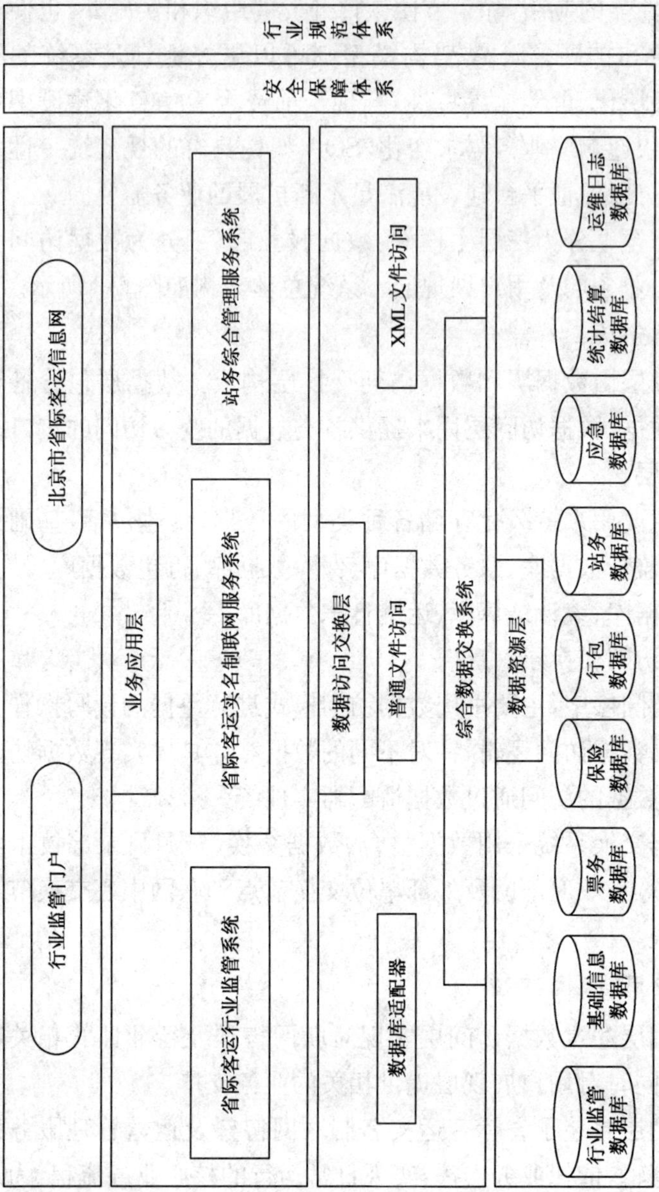

用户展现层

行业监管门户

北京市省际客运信息网

业务应用层

业务应用层

省际客运行业监管系统

省际客运实名制联网服务系统

站务综合管理服务系统

数据服务层

数据访问交换层

数据库适配器

普通文件访问

XML文件访问

综合数据交换系统

数据资源层

行业监管数据库

基础信息数据库

票务数据库

保险数据库

行包数据库

站务数据库

应急数据库

统计结算数据库

运维日志数据库

安全保障体系

行业规范体系

图5-3 系统总体架构图

架构。

业务应用层包括省际客运行业监管系统、省际客运实名制联网服务系统和站务综合管理服务系统。

3)门户展现层

北京市省际客运实名制联网售票及运营管理服务系统展现层采用以B/S模式为主、C/S模式为辅的形式体现应用系统各功能。应用主要涵盖了系统中省际客运行业监管系统、省际客运实名制联网服务系统、站务综合管理服务系统等大部分功能等。

5.2.3 软件应用模式

本软件采用平台化的应用模式,此种模式可在降低用户自身工作量的基础上极大地实现标准化和个性化的结合,同时也能实现用户信息一体化的目标,现举例说明。

(1)软件应用系统在部署运行一段时间之后,随着用户业务的变化,可能会引起系统功能的变化以适应用户业务的改变。比如:用户的业务工作流程需要增加新的流程处理环节,对流程进行审批,那么系统管理员可以通过系统中的工作流引擎模块及工作流设计工具很方便地更改流程模板,使之达到新的业务要求。

(2)软件应用系统在部署之后,需要根据用户的要求做一些定制化的配置,如菜单项的调整,系统管理员可以通过应用系统的配置管理模块,很容易地配置系统菜单的位置及关联的操作。

1)日常应用模式

软件系统在日常运行时所有系统功能均可正常使用,并对用户在系统中的每一步操作都有日志留痕。从系统使用的稳定性来讲,通过HA保证系统的高可用性;从数据层面来讲,为保证数据的完整性、可靠性,通过存储设备进行实时备份。

2)特定业务应用模式

围绕着建立统一的资源平台这一目标,软件在设计阶段就已经考虑到针对用户的业务特点，设计专门的业务流程以满足其特定工作流程的需要，对其固有流程做定制开发并固化到软件系统中，作为资源平台的基础模块。同时在数据库设计时引入面向对象的新型设计理念代替传统的面向关系的设计思路，通过数据对象之间的数据交互，进而实现面向业务的数据库规划，以达到业务的整合，减少用户的重复性工作；数据资源的整合，减少数据冗余，增加数据的再利用，并为将来的系统扩展性打好坚实的基础。

5.3 行业运行监管系统

5.3.1 概述

行业运行监管系统实现北京市交通行业主管部门（交通委、运输管理局及其他相关部门等）针对全市 11 家客运站的行业安全运行、运力资源配置效率、公共服务水平三个方面的运行情况进行动态监测，并结合政府政策、行业竞争、客运高峰、突发事件等方面进行关联分析，总结关联因素对省际客运行业的整体影响力度，辅助行业管理和科学决策。

监管系统的业务功能主要涉及以下三个层面：

(1)实时反映行业运行状态（安全、运力、服务）。

(2)动态分析省际客运行业相关业务指标。

(3)根据分析结果给出相关建议性或结论性的报表。

依托系统产生的原始数据，研究制定用于行业监管所用的指标，并对其名称、定义、计算方法等进行深入分析和研究，是本次监管系统建设的核心和难点，本书将单列一章（第 6 章）进行论述。

5.3.2 功能架构

省际客运行业监管系统的业务功能主要包括以下几方面：

(1)从 11 家客运站采集反映行业运行的原始数据（主要包括票务、

站务、行包等)。

(2)将各方面的原始数据进行处理融合并形成完整的指标计算基础。

(3)依据指标体系定义的计算公式,按照不同的统计周期进行汇总计算,并将计算结果发送至交通委数据中心。

(4)通过指标监测结果,得出相应的统计分析报告及图表,为行管部门及时、准确和科学决策提供依据。

省际客运行业监管系统功能结构如图 5-4所示。

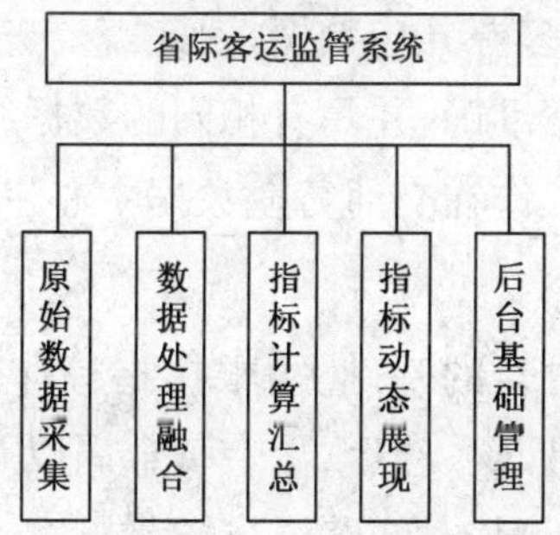

图 5-4 省际客运行业监管系统功能架构图

5.3.3 功能设计

1)原始数据采集

原始数据主要产生于客运站和联网售票中心,来自客运站的指标原始数据内容包括:客流指标、安全指标、客车运行指标、线路流量指标、客运站指标、行包指标以及客运公司指标,而服务指标的原始数据则主要来自联网售票中心,票务指标和售票财务指标同时来自客运站和联网售票中心。联网售票中心与 11 家客运站的数据传输通过专线连接,既作为业务数据的同步通道,同时也是监管指标原始数据采集的传输通道。

数据采集的方式有四种:客运站手工上报(如安全指标中的行车事故次数、事故伤亡人数等)、客运站自动采集(大部分监测指标的数据可以通过信息化系统实现自动采集)、联网售票中心手工录入(如联网售票中心接到投诉电话后,需要手工录入至服务评价系统中,作为网站投诉建议数据的人工补充)以及联网售票中心的自动采集数据(如网站售票信息以及代理点售票信息等)。

数据采集的结果保存至联网售票中心的磁盘阵列中,并通过磁带库实现本地自动备份,同时也通过专线同步至交通行业数据中心。

2)数据处理融合

由于数据的来源包括客运站和联网售票中心,数据采集方式有自动采集和手工录入,属于多源异构数据,因此需要进行必要的处理融合,使得指标计算的基础数据准确,并具有相同的数据结构。

数据的处理融合工作在交通行业数据中心进行。

3)指标计算汇总

在原始数据处理融合的基础上,根据指标体系计算公式,按照预定的周期(小时、日、周、月、年、春运、十一黄金周以及其他小长假等)、统计口径(客流、安全、票务、财务、线路流量、行包、客运站、服务等)以及趋势分析(同比、环比、排名等)实现对监管指标的统计与分析工作。

指标的计算结果保存至交通行业数据中心,作为指标展现和分析的基础。

4)指标动态展现

指标的展现有两种形式:一种是适合监管大屏幕(TOCC)的指标展示;另一种是基于浏览器方式的指标展示。实现实时数据、统计图表以及监管报告的展示功能,并作为行管部门进行行业运行监管和科学决策的依据。

5)后台基础管理

指标监管后台主要以维护基本信息、系统参数调整、用户访问权限以及监管日志等功能的实现为主,用以确保监管过程的可靠性以及能够适应行业变化的灵活性。

5.4 实名联网售票服务系统

联网售票服务系统主要包括客运站实名联网售票系统、联网售票旅客服务系统和站务管理系统。现有的联网售票系统主要部署在客运站内，支撑客运站售票、检票、调度、结算等业务，系统设计将在现有联网售票功能和售票渠道的基础上，拓展售票方式，方便旅客购票，利用网站、手机终端等方式为公众出行提供服务，同时建设标准化、一体化的站务管理系统。

5.4.1 实名联网售票系统

1)概述

售票、检票、调度、结算等是客运站的核心业务，现有联网售票系统支撑了"售检调结"等核心业务功能的实现。本次系统建设将在联网售票系统现有功能的基础上，全面实现实名制售检票以及多元化售票方式相关的支撑工作，包括开发实名售票、实名检票、调度报班、统计结算等子系统以及支撑多元化售票方式、公众出行服务的相关后台管理子系统。

2)功能架构

系统功能主要包括实名售票、实名检票、调度报班、统计结算、业务管理等。实名售票主要为站内售票方式，包括窗口售票、站间互售、配载售票等。业务管理子系统除联网售票基础信息的管理功能外，也包括对未来对多元化售票方式的后台支撑功能。

3)窗口实名售票子系统

窗口实名售票子系统在目前售票业务的基础上，将全面支持实名售票，可实现本站售票和站间互售。

通过双屏售票方式，支持关联显示承运车辆的照片和配置信息，实现售票系统与站务车辆管理系统的无缝对接。乘客购票时通过面向窗口的第二块显示屏可以直接看到所购车票班次、到站、车型、旅行时间、车辆照片以及车辆设施等相关信息,方便乘客直观地了解相关出行信息。主要功能如下:

(1)正常票务作业。主要功能有注册票段、普通售票、特殊售票、班次售票、补票等。

(2)特殊票务作业。主要功能有改签、按车次退票、普通退票、特殊退票等。

(3)票据处理。主要功能有票面重打、退票重打等。

(4)信息查询。主要功能有车次计划查询、车票查询、按车次车票查询、问讯、车次座位信息、车次售出票查询、营收查询等。

(5)系统设置。主要功能有系统参数设置、时间校对、更改口令等。

4)实名检票子系统

预留实名制检票接口;实现客票与行包受理单混检,打印单一结算单;刷卡自动开检,并验证前期刷卡流程是否通过。主要功能如下:

(1)检票方面。实现人员换岗、刷新车次、车次开检、车次重检、更改车次检口、单票号复位、清空开检队列等相关功能。

(2)结算单方面。实现打印结算单、作废结算单、重打结算单、补打以前结算单等相关功能。

(3)查询方面。实现车次查询、车票详细查询、行包详细查询、结算单汇总查询、线路未检人数查询、线路未检行包查询等相关功能。

5)调度报班子系统

支持多种批量维护操作;支持刷卡报班、电话报班;异常车辆信息报班提示(信息后台录入);停替班信息与行业网站同步;支持配载线路管理。主要功能如下:

(1)车次计划。实现生成计划、车次计划维护、可售计划维护、批量修改可售计划、缺班误班等相关功能。

(2)车次信息维护。实现按日期段停班、按日期段开班、按日期段加班、按日期段删除班次、站点停售等相关功能。

(3)查询方面。实现流量分析、车次售票查询、票号车辆查询、车次座位信息查询、检口信息查询、车辆停替原因管理、车票详细查询、报班车辆查询、车辆未检票查询、日志查询等相关功能。

(4)车辆报班。实现站点查询报班、车次查询报班、刷卡报班、人员换岗、车次查询等相关功能。

6)统计结算子系统

新的联网售票统计结算将更加复杂和多元化,支持与各电子支付平台、各本地客运站、各代理点、保险公司等实体之间进行统计结算,主要包括不同口径的查询、统计、明细对账和结算报表。主要功能如下:

(1)传递单功能。解决现有系统中人工收款不能统一结算的问题,避免人工统计中可能出现的错误,提高了工作效率及财务报表的准确性。

(2)手工数据。支持手工票据的录入,在停电等突发情况下,将手工票、手工行包票等数据录入到系统中,参与统一结算,使结算数据更加准确可靠。

(3)结算调整表。结算表生成以后,对原始数据的修改将自动生成结算调整表,大大减轻了操作人员的工作量。

(4)导出到 Excel 功能。系统中的每个报表都可以方便地导出到 Excel 中,并且模板灵活,定制方便。

(5)自定义的结算单模板。系统支持自动生成结算单,并支持打印,用户可以根据自己的需要调整结算单的模板,方便灵活。

(6)操作日志功能。重要的系统操作都会产生不可更改的操作日志,可以方便快速地进行日志检查,对于事后跟踪、责任追查、错误回溯有重要意义。

(7)网络对账。客运企业通过网络实现远程对账功能,减轻了现场对账的压力和往来成本。

7)后台基础管理子系统

通过业务管理子系统实现联网售票业务(站间互售、配载售票、网站售票及代理售票等)的基础信息化管理工作,主要包括统一的票据管理、线路管理、班次管理、工号管理等基础工作,确保11家客运站的运营数据在一个融合的联网环境下不会产生业务及数据的冲突。

5.4.2 联网售票旅客服务系统

1)系统概述

依托联网售票系统建设旅客出行服务系统,为旅客购票、乘车、查询等提供服务。在现有站内窗口售票、站间互售等站内售票形式的基础上,扩展配载售票、代理点售票、网站售票等多种站外售票方式,同时在数据库底层的设计上为开通电话订票、自助购票、手机购票等新的售票形式做好技术准备工作;建设省际客运行业信息服务网站,服务乘客网上购票、信息查询等;建设站内综合信息服务系统,为乘车旅客发布车辆发车、检票信息,为接站人员提供车辆到站时间信息服务等。

2)功能架构

联网售票旅客出行服务系统主要包括站外多元化售票、省际客运行业信息服务、旅客出行站内信息服务等功能。站外多元化售票支持配载售票、代理点售票、网站售票等,同时预留手机、邮政等售票功能接口。行业信息服务包括信息查询、网上购票、短信告知等功能。站内综合信息服务包括为乘车旅客、接站人员提供和发布信息。

3)多元化售票系统

(1)配载售票子系统

通过客运站之间班次资源共享方式、站间互售实现了在就近车站购买乘车站车票,方便了乘客就近购票。站间互售虽实现了就近购票,但仍需到始发站乘车。配载售票不仅可以就近购票,而且可以就近检票上车,而不必到达较远的始发站。

(2)代理售票子系统

在电子商务成熟之前,代理点售票是最常见的联网售票形式,对于不熟悉使用网站和电子支付的乘客来说,代理售票依然是比较便利的购票方式。

基本业务功能包括:11 家客运站的普通售票、退票;线路班次票价信息查询;保险售票、退票;统计、对账、结算等功能模块。

(3)网站售票子系统

网站售票依托互联网技术和成熟的电子商务平台,突破传统售票形式,实现了足不出户即可购买北京 11 家客运站的预售票,极大地提升了乘客购买车票的体验感。主要业务功能包括在线查询、在线购票、在线退票及订单管理等功能模块。

(4)自助售取票子系统

在客运站内配备自助售取票机,实现网售购票乘客通过刷二代身份证及输入取票单号后的自助取票。对于其他类型的证件(护照、港澳通行证、台胞返乡证)则需要手工输入证件号码和取票单号来取得纸质客票。

4)站内综合信息服务系统

通过广播、LED 屏、触摸屏等,为客运站内旅客提供各种动态信息的服务,主要包括:

(1)线路班次信息服务

通过多媒体电视墙向刚刚进入客运站的乘客显示本站所有开通线路、途经站点、目的地、当前票价等信息,作为乘客的购票参考指南。同时也能够播放视频信息,宣传安全运输、播放国内外重大新闻事件等。

(2)客票信息服务

通过售票屏向购票乘客动态显示发班时间、途经站点、目的地、票价、余票等信息。

(3)检票信息服务

通过检票屏向乘客动态显示正在开检的班次、检口、发车时间、目的地等信息，由检票子系统触发，并与广播系统联动，实现开检信息的自动广播。

(4)班次更改等信息发布

通过公告屏向乘客显示发班动态，如停班、替班、加班、晚点及重要公告等特殊情况，便于乘客及时了解所乘班次的信息，并能够与广播、网站、触摸屏、手机客户端、手机短信告知系统进行数据同步，确保最大限度告知旅客。

(5)客运站动态信息发布

通过触摸屏方便乘客以自助的方式查询多种信息：客运站介绍、业务介绍、运输相关法律法规、行业新闻、在线查询(线路、发班、票价、途经站、所乘车辆照片、配置情况、物流跟踪等)等。

(6)车辆到站信息查询

通过落客屏向接站人员显示即将到站车辆的始发地、预计到站时间、车牌号等信息。

5.4.3 站务管理系统

1)系统概述

依托联网售票系统建设站务管理系统，为站内车辆管理、行包托运和寄存等业务提供服务。通过本系统的建设，规范和优化原有业务流程，突出“车”和“票”一体化管理的理念，为根据客流合理动态安排运力提供依据，提升长途客运的管理和服务水平。在站务管理上，提高集散能力，规范管理，行车调度服从于售票。

2)功能架构

站务管理系统包括车辆一卡通管理、行包受理、落货管理、小件寄存、客运公司管理、基本信息、票证管理、票价管理等业务子系统。

3)车辆一卡通子系统

车辆一卡通子系统主要用于车辆进出站、报班维修等流程的统一电子化管理，并支持与网站的信息同步，在线购票用户可以动态查询所购车次承运车辆的照片、车辆配置等情况，方便用户选择合适的车辆，站内车辆一卡通管理流程如图 5-5 所示。

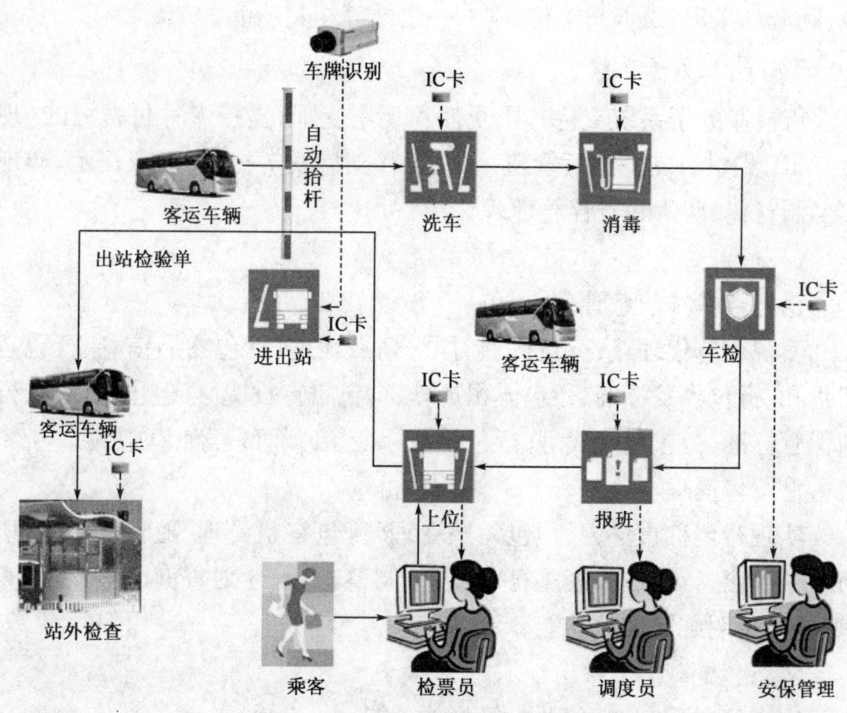

图 5-5 站内车辆一卡通管理流程示意图

子系统主要功能包括以下三个方面：

(1)系统管理

主要实现用户管理、日志管理、角色管理、修改密码、退出系统等相关功能。

(2)安保管理

实现 RFID 卡管理(发放正式卡、发放临时卡、变更车辆、一车双线、丢失补卡、注销车卡、读卡器管理)、车辆信息管理、客运公司管理、驾驶员

信息管理、乘务员信息管理、季检信息管理、车主信息管理、车辆检测管理等相关功能。

(3)刷卡流程管理

主要实现刷卡—进站(入场)、刷卡—洗车、刷卡—消毒、刷卡—车检、刷卡—报班、刷卡—上位、刷卡—出站等相关功能。

4)行包业务子系统

行包业务子系统支持有票受理和无票受理;支持多种付费方式(现金、VIP、到付);支持落货管理;小件寄存支持发车提醒、晚点提示,实现实名制行包、落货和寄存管理。

(1)行包受理

①行包基本信息管理

实现行包代理点、行包代理时限、站点地址、行包物品信息、行包运费折扣、行包收费标准、行包体积折算、行包票签收费、行包包装标准、行包保管标准、行包保险代理、行包结算标准、客户管理等相关功能。

②行包受理

实现行包称重量方、行包无票受理、行包有票受理、随客行包受理、行包单作废、行包单作废重打、行包单调整、发班计划查询、当日受理查询、折扣单明细等相关功能。

③行包配载

实现行包配载、行包改配等相关功能。

④行包签发

实现行包签发、行包改签等相关功能。

⑤行包统计管理

实现行包营收对账、行包受理营收查询、行包作废单查询、行包单明细查询、行包配载明细查询、行包配载汇总查询等相关功能。

(2)行包落货

①落货基本信息管理

实现行包代理点、站点查询、客户管理等相关功能。

②落货受理

实现货物入库、库存管理、货物出库等相关功能。

③落货查询

实现入库单查询、出库单查询、营收查询、货物入库明细查询。

(3)小件寄存

通过实名制的推行,小件寄存处直接扫描车票条码即可完成寄存者的身份信息,大大简化了操作员手工录入的繁琐,同时通过车票的发车时间,可以通过客运站的广播系统提前提醒乘客领取行李,以免耽误出行。

①基本信息管理

实现收费标准、寄存须知、寄存受理、小件领取、发车提醒等相关功能。

②寄存管理

实现物品入库管理、物品入库明细查询、物品过期查询、物品出库管理、营收管理等相关功能。

5)财务管理子系统

财务管理子系统主要用于财务与客运企业从业人员,如售票员、行包服务人员、消洗服务人员等之间的票款结算;实现客运班线的行包按比例结算;实现客运站与营运单位之间的费用查询;实现异站联网售票的互售查询等。

6)后台基础管理子系统

(1)基本信息管理

通过基本信息管理功能管理客运站售检调结核心业务运营的基础信息,包括本站发车线路、班次、站点、操作员、票价、车辆、隶属客运公司以及各种类型定义(如班次类型、售票方式、车辆类型、座位类型等)信息,是客运站核心业务信息化运行的基础。

(2)票证管理

票证管理对车站所使用的各种票据进行统一管理，包括车票、结算单、路单、包车单等。票证从车站财务，再到售票员等，都有详细的入库、出库、领用、回收、剩余、库存记录信息。

(3)票价管理

票价管理用于设置票价，并支持各种票价类型，包括现行票价、春运票价、备用票价和批准票价。在票价设置力度上可按不同班次、不同线路，然后可由现行票价、春运票价、备用票价和批准票价生成当前执行票价，售票时使用执行票价。

5.5 数据库服务系统设计

数据库服务系统建设内容包括省际客运综合数据交换系统和省际客运行业监管数据库建设。

5.5.1 综合数据交换系统

1)系统概述

省际客运综合数据交换系统采用数据整合、数据交换、资源目录等技术实现。数据共享与交换的节点包括客运站交换节点、政府部门及外部单位交换节点和联网中心交换节点。本系统应遵循统一的数据共享与交换标准，保证数据的完整性和一致性。

本部分综合数据交换系统主要是指业务数据接口，是为方便行业管理单位以及相关业务单位，对系统相关数据的掌握，系统对外提供的一种数据标准，接收方只需按照标准对数据进行接收处理即可；数据传输可采用 http 协议或者 SOA 协议等。

2)功能架构

业务数据接口子系统的建设主要分为以下三种类型：行业数据接口、关联数据接口和预留接口。行业数据接口主要包括监管数据接口、在线查询接口、在线购票接口、网购取票接口以及保险数据接口等与行业监管、运营相关的接口。关联数据接口主要包括接口、应急指挥数据接口、TOCC 数据接口、公安系统数据接口、两客一危数据接口、公交服务热线数据接口等，通过数据中心与其连接。预留接口为下一阶段新增联网售票方式提供准备，主要包括电话订票接口、自助购票接口、手机购票接口，同时为交通运输部未来数据接入提供接口，如图 5-6 所示。

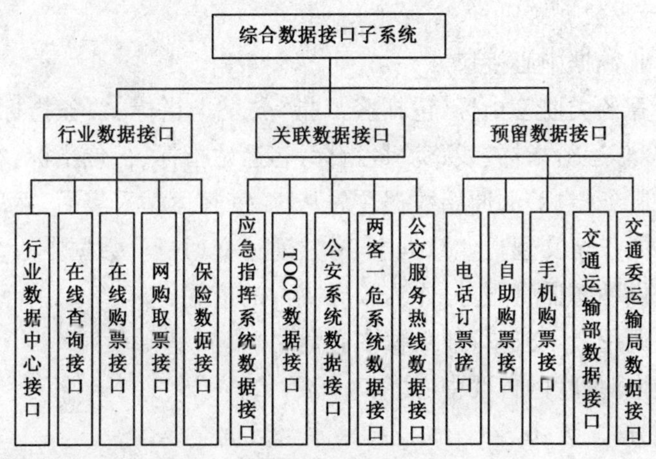

图 5-6 业务数据接口子系统功能架构图

3)功能设计

通过数据交换系统实现联网售票中心与北京 11 家客运站的票务数据和站务一卡通数据进行业务数据的双向交换，以确保站间互售、配载售票、代理售票和网站售票等多种联网售票客户端程序能够及时准确地获取发班、余票、车辆等方面的动态信息。通过预留接口为将来的电话订票、自助售票、手机购票奠定基础。

通过数据交换系统实现联网售票中心与交通委的数据动态交换，使得交通委及相关职能部门、领导能够及时获取行业运行动态信息，及时发现问题、及时调整政策。

通过交通行业数据中心，为其他关联系统提供相关的行业信息，包括应急指挥系统、交通运行监测调度中心（TOCC)、公安系统、两客一危系统以及公交服务热线系统。

通过数据交换系统的建设，为将来北京省际客运行业与华北地区的客运行业进行数据交换共享奠定基础，使行管部门能够准确获取进京客流的信息，同时也方便接站乘客能够准确获取进京车辆何时出发，预计何时到站等信息。最终实现省际客运行业的跨地区交换模式，保障不同系统地区系统之间的异构数据也能实现资源共享。

(1)行业数据接口

①行业数据中心接口

将计算各类监管指标(包括客流指标、安全指标、票务指标、售票财务指标、客车运行指标、线路流量指标、客运站指标、行包指标、客运公司指标以及服务指标)的原始数据首先从11家客运站采集后，然后从联网售票中心同步至交通行业数据中心，并通过交通行业数据中心为相关政府部门提供动态监管服务，作为领导决策的依据。

接口调用者:交通行业数据中心。

数据来源:联网售票中心。

实现方式:Web Service，支持跨平台数据交换。

数据交换周期:客运高峰1小时更新一次，平时30分钟更新一次。由于联网售票中心至交通委的专线带宽仅为2Mbps，为防止传输拥堵，所以减少了同步频率，并能够保障联网售票业务的正常运转。

②在线查询接口

在线查询接口负责提供班次、线路、余票、发车时间、到达时间、票价、车型等相关信息。

接口调用者:北京省际客运信息网。

数据来源:客运站售检调结数据库和站务一卡通数据库。

实现方式:Web Service，支持跨平台数据交换。

数据交换周期:用户动态触发。

③在线购票接口

在线购票接口负责提供当前售票的班次、线路、发车时间、票数、余票数、票价等相关数据信息。

接口调用者:北京省际客运信息网。

数据来源:客运站(售检调结数据库和站务一卡通数据库)。

实现方式:Web Service,支持跨平台数据交换。

数据交换周期:用户动态触发。

④网购取票接口

网购取票接口负责提供网络购票的相关信息,包括网购ID,班次号、线路、发车时间、座位号,购票时间、交易时间等。

接口调用者:网售取票系统(人工取票和自助取票)。

数据来源:联网售票中心(在线服务数据库)。

实现方式:Web Service,支持跨平台数据交换。

数据交换周期:用户动态触发。

(2)关联数据接口

①应急指挥系统数据接口

为应急指挥系统提供人群聚集、公共卫生以及重大交通事故等突发事件信息,作为省际客运行业突发事件来源。

接口使用者:应急指挥系统。

数据来源:交通行业数据中心。

实现方式:Web Service,支持跨平台数据交换。

数据交换周期:事件发生时上报。

②TOCC数据接口

为交通运行监测调度中心(TOCC)提供进出京车流、客流等信息,作为北京交通运行的数据来源之一。

接口调用者:交通运行监测调度中心。

数据来源:交通委行业数据中心。

实现方式:Web Service,支持跨平台数据交换。

数据交换周期:客运高峰1小时读取一次,平时30分钟读取一次。

③公安系统数据接口

为市公交安保总队提供旅客实名购票、检票信息,作为通缉逃犯、犯罪嫌疑人流窜轨迹分析的数据来源之一。

接口调用者:市公交安保总队。

数据来源:交通行业数据中心。

交互数据内容:购票人买票证件类型(法定24种)、证件号码、民族、性别、购票人手机号(引导旅客尽量提供)、购票车次号、座位号、发车日期、发车时间、始发站点、途经站点、终点站、到达站点、购票点等信息实时汇聚到交通委数据中心后定期上传给公交总队,并按照发车时间的先后顺序进行批量打包发送。

接口实现方式:考虑到公安系统信息高度机密性,数据传输和访问对接必须高度安全可靠,收发节点必须进行身份核实可信后才能处理,因此接口连接方式为安全性相对更高些的点对点专线直连方式。接口对接时,在信息中心机房及公交安保总队机房分别部署接口前置机,鉴于信息中心产生的数据具有实时动态性,传输及时性要求高,为保证传输可靠性,机房的设备采取双机备份方式进行配置,两端通过专线点对点直连方式在线实时传输票面、线路等动态售票信息。

数据交互流程:

a.信息中心端接口前置机实时提取需传送数据,通过专线采取明文方式将数据包上传公交总队。

b.公交总队端接口前置机接收到上传信息后,实时接收并与总队内部系统进行信息比对,发现目标后系统自动弹屏报警,并短信告知公安的相关领导以及相应的驻站工作人员。

数据交换周期:实时传输,客运高峰10分钟读取一次。

④两客一危系统数据接口

为两客一危系统提供长途客运客流、车辆安检、司乘安保、危险品、违禁品的安检、托运等信息,作为保障公众出行安全的数据来源之一。

接口调用者:两客一危系统。

数据来源:交通行业数据中心。

实现方式:Web Service,支持跨平台数据交换。

数据交换周期:客运高峰1小时读取一次,平时30分钟读取一次。

⑤公交服务热线数据接口

公交服务热线数据接口负责为96166公交服务热线提供相关查询业务的数据,包括客运站、线路、发班、票价、车辆等信息。

接口调用者:公交服务热线系统。

数据来源:交通行业数据中心。

实现方式:Web Service,支持跨平台数据交换。

(3)预留数据接口

①电话订票接口

为将来的电话订票提供预留接口,包括购票信息、班次信息、线路信息等。

接口调用者:电话订票系统。

数据来源:联网售票中心(联网售票数据库),客运站(售检调结数据库)。

实现方式:Web Service,支持跨平台数据交换。

数据交换周期:用户动态触发。

②自助购票接口

为自助购票服务提供数据接口,包括购票信息、班次信息、线路信息等。

接口调用者:自助购票系统。

数据来源:联网售票中心(在线服务数据库),客运站(售检调结数据库和站务一卡通数据库)。

实现方式:Web Service,支持跨平台数据交换。

数据交换周期:用户动态触发。

③手机购票接口

为手机购票服务提供数据接口,包括购票信息、班次信息、线路信息等。

接口调用者:手机购票系统。

数据来源：联网售票中心（在线服务数据库），客运站（售检调结数据库和站务一卡通数据库）。

实现方式：Web Service，支持跨平台数据交换。

数据交换周期：用户动态触发。

④交通运输部数据接口

将联网售票数据上传至交通运输部数据中心，用于部统计分析。

接口调用者：交通运输部。

数据来源：联网售票中心（在线服务数据库），客运站（售检调结数据库和站务一卡通数据库）。

实现方式：Web Service，支持跨平台数据交换。

数据交换周期：用户动态触发。

⑤运输行业行政许可系统数据接口

与交通委运输局运输行业行政许可系统建立接口，读取行政审批系统产生的线路班次信息。

接口调用者：交通委。

数据来源：交通委运输局行政审批系统。

实现方式：Web Service，支持跨平台数据交换。

数据交换周期：用户动态触发。

5.5.2 信息资源库规划与设计

按照先进性、一致性、完整性、规范化、可扩展性、安全性等原则，进行信息资源库的规划和设计。

本次应用系统重点建设联网售票系统，但在数据库层面，将车辆管理的站务一卡通、行包、保险等站务数据库与联网售票系统数据库统一规划设计。

1）信息资源库规划

信息资源数据库是应用系统的数据源，提供存储、维护、检索数据的功能。北京市省际客运实名制联网售票及运营管理服务系统涉及大量实名制联网售票及运营管理信息以及其他领域的相关信息，既有数值型信息，也有文本型信息、多媒体信息，数据库将各类数据按一定模式进行组织和存储。利用这些信息资源科学、合理、有序地规划，为各应用系统提供数据支持。

(1)数据库总体架构

以客运站业务数据作为基础，融合联网售票数据，实现北京省际客运行业的三个方面的服务：

①面向政府动态监管的服务，包括安全生产、运力资源以及服务质量等。

②对外面向公众出行(综合信息服务以及多种方式的售票服务)和货物运输(行包安检、发货、落货以及小件寄存)的服务。

③对内实现针对车辆、驾乘以及应急指挥等方面的信息化管理，如图 5-7 所示。

(2)数据库的逻辑划分

为了科学地管理和维护数据，以满足北京市客运实名制监管运营服务系统管理业务的需要，在数据需求分析的基础上，根据数据关联程度及数据库存储等特征，从政府监管、公众出行、货物运输以及站务管理等几方面的逻辑将则本系统划分为以下 9 个方面的数据库。

①基础信息数据库

作为行业信息化的基本定义数据，支撑业务信息化的正常运转，主要包括：用户、角色、权限、联网售票中心、客运站、客运公司、代理点、保险公司、线路、站点、票价、班次、车辆、司乘、车卡、票据、工号、检票机、检票口、站台、行包、货架、各数据库连接信息等方面的基本定义信息以及各种相关的类型定义信息，是运营服务和监管的基础数据库。

②行业监管数据库

根据政府对省际客运行业监管职能，按照政府对省际客运行业监管的指标体系，采集北京市联网售票中心和 11 家客运站实时的对省际客运行业监管的指标原始数据，并根据监管的业务流程进行监管处理而产生的相关数据库。

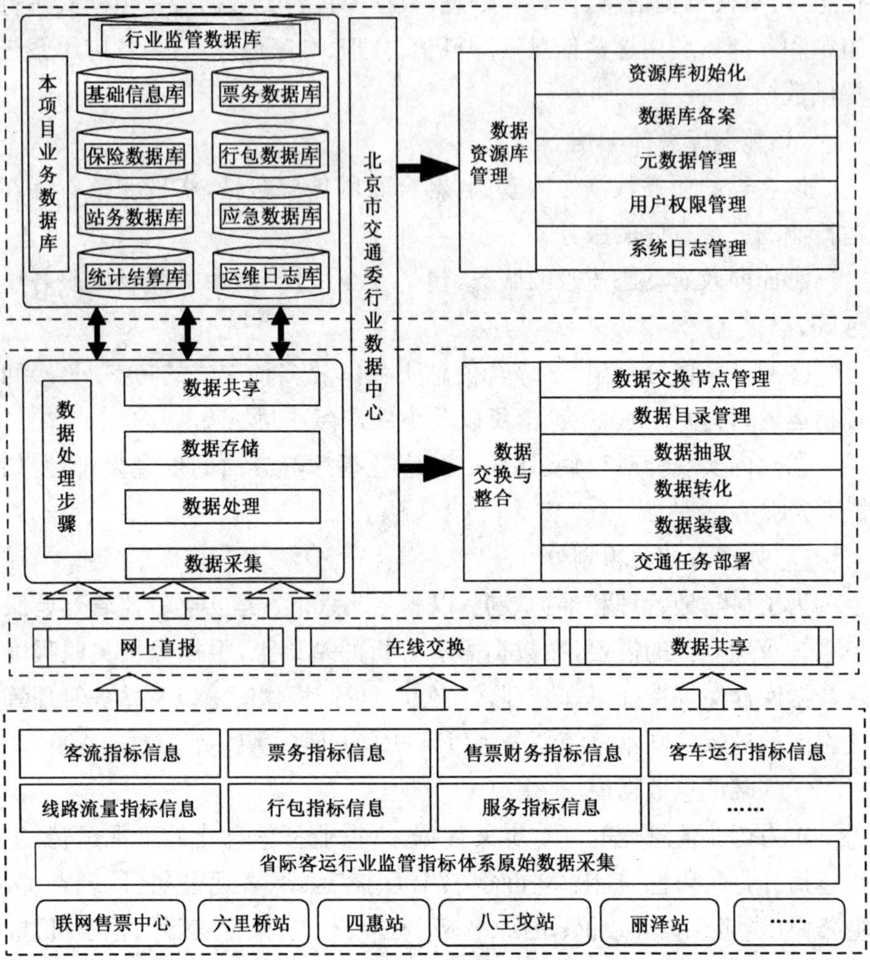

本项目业务数据库
行业监管数据库
基础信息库
票务数据库
保险数据库
行包数据库
站务数据库
应急数据库
统计结算库
运维日志库

北京市交通委行业数据中心

数据资源库管理
资源库初始化
数据库备案
元数据管理
用户权限管理
系统日志管理

数据处理步骤
数据共享
数据存储
数据处理
数据采集

数据交换与整合
数据交换节点管理
数据目录管理
数据抽取
数据转化
数据装载
交通任务部署

网上直报
在线交换
数据共享

客流指标信息
票务指标信息
售票财务指标信息
客车运行指标信息
线路流量指标信息
行包指标信息
服务指标信息
……
省际客运行业监管指标体系原始数据采集
联网售票中心
六里桥站
四惠站
八王坟站
丽泽站
……

图 5-7　数据总体架构图

③票务数据库

包括窗口售票、站间互售、配载售票、代理售票、网站售票、客运站取票、检票上车相关的线路、班次、站点、票价、车型、座型、售票数量、售票类型、售票员票据、工号等信息的记录。同时预留面向电话订票、自助购票以及手机购票的信息记录。

④保险数据库

包括所售保险票关联的数量、乘车人信息、班次车辆信息以及相应保险公司信息。

⑤行包数据库

包括行包的安检信息，行包发货的受理信息(发货人、收货人、目的地、物品种类、件数、保价、运费等)，行包到站信息(始发地、收货人、物品种类、件数、货架位置、保管费用等)，小件寄存信息(寄存人身份信息、寄存物品种类、件数、货架位置、寄存费用等)。

⑥站务数据库

针对车辆、驾驶员、乘务员在发车之前的相关安全检查记录信息，包括进站、入场、洗车、消毒、车检、报班、上位、出站的各个环节的检验信息。

⑦应急数据库

针对客运站公共安全、卫生防疫、车辆在途行驶、危险品处置等方面的应急预案信息、应急通信录以及突发事件信息等内容的记录。

⑧统计结算库

包含自定义及定制的统计、结算报表模板、统计结果、对账数据、结算锁定数据、结算调整数据等相关信息。

⑨运维日志数据库

包括用户操作日志信息、运维过程记录、系统故障信息及实时监控信息等方面的存储记录。

(3)应用系统和数据库的关系

应用系统建立9大数据库，各数据库关系根据公众出行选择购票系统及方式，数据库之间的交互及访问关系如图5-8所示。

站务综合管理系统各子系统与站务综合数据库、行包数据库、一卡通数据库、保险数据库、运维日志数据库、统计结算库、应急数据库、基础信息数据库有交互；省际客运实名制联网售票系统与联网售票数据库、

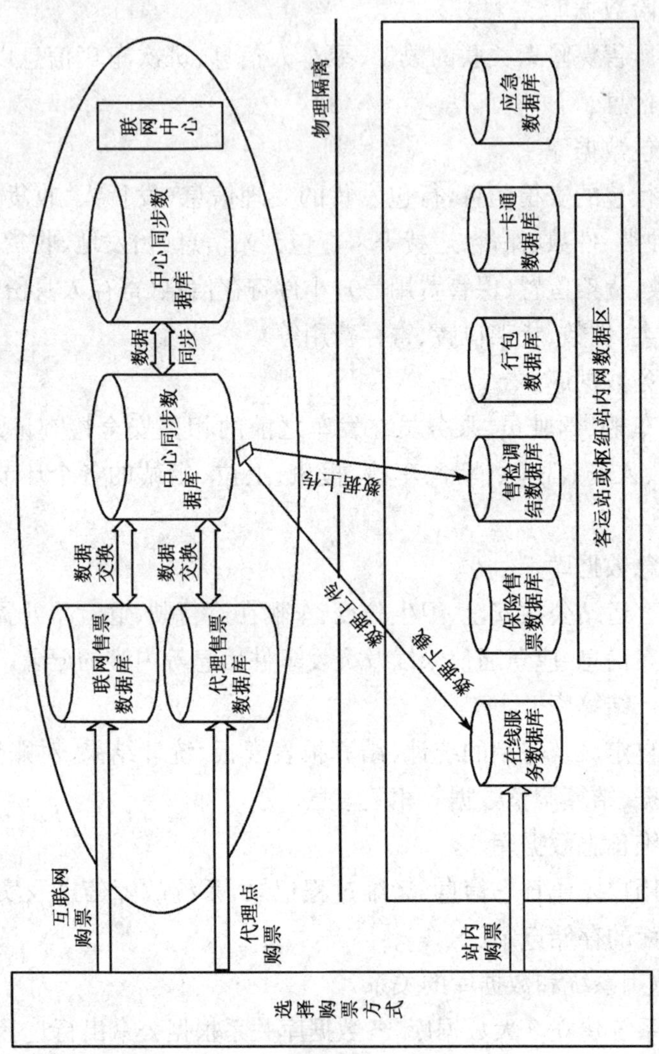

图5-8 数据库之间的交互及访问关系

保险数据库、应急数据库、统计结算库、运维日志数据库、基础信息数据库有数据交互；省际客运综合数据交换系统与行业监管数据库、应急数据库、运维日志数据库、基础信息数据库有数据交互。

2)数据库设计

数据库系统分为基础信息数据库设计、行业监管数据库设计、票务数据库设计、保险数据库设计、行包数据库设计、站务数据库设计、应急数据库设计、统计结算库设计、运维日志数据库设计 9 大数据库。

(1)基础信息数据库

基础信息数据库作为行业信息化的基本定义数据，支撑业务信息化的正常运转，主要包括用户、角色、权限、联网售票中心、客运站、客运公司、代理点、保险公司、线路、站点、票价、班次、车辆、司乘、车卡、票据、工号、检票机、检票口、站台、行包、货架、各数据库连接信息等方面的基本定义信息以及各种相关的类型定义信息，是运营服务和监管的基础数据库，如图 5-9、图 5-10 所示。

①关系描述

用户与客运站、角色是多对一的关系，一个客运站可以有多个用户，一种角色也可以有多个用户，客运站与检票口是一对一的关系，每个客运站有单一的中心管理费率；每个角色可以对应多个权限，每种权限对应一种系统功能；线路与班次信息、配载班次信息是一对多的关系，每条线路有一个线路票价。

②实体属性定义

客运站：客运站名称，客运站 ID。

用户：客运站 ID，角色 ID，用户密码，用户 ID。

角色：角色 ID，角色名称。

权限：角色 ID，功能权限 ID。

系统功能：上级功能 ID，功能程序路径，功能名称，功能权限 ID。

检票口：客运站 ID，检票口。

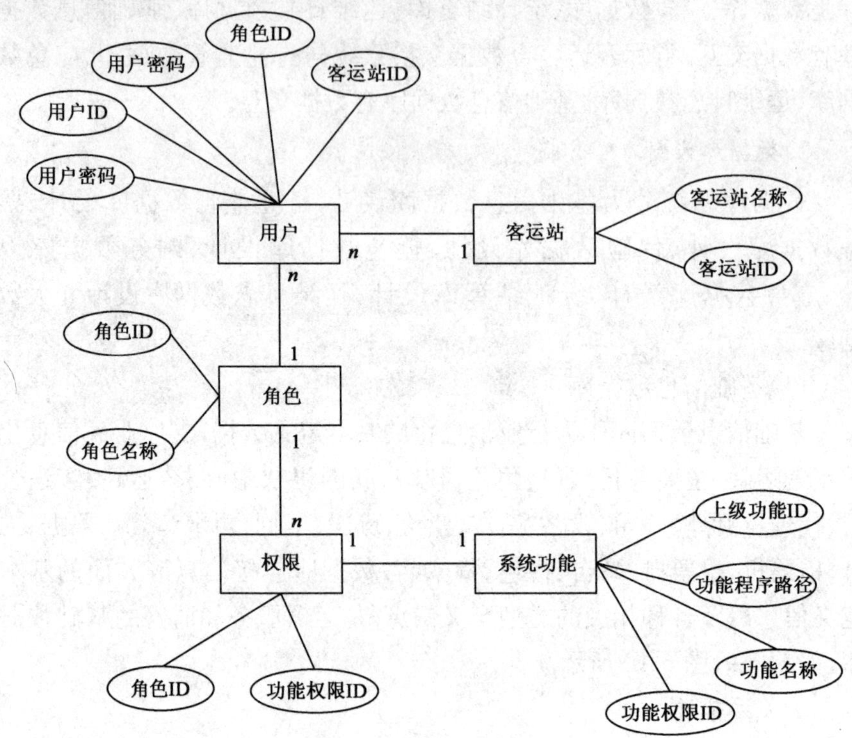

图 5-9　用户管理 E-R 模型图

中心管理费率:客运站 ID,管理费率。

线路:线路 ID,始发站,公里数,到达站,线路名称。

班次信息:班次类型,班次号,线路 ID,始发站。

班次类型:班次类型 ID,班次类型。

线路票价:票价,站务费,座位类型,始发站 ID,线路 ID。

(2)行业监管数据库

行业监管数据库是根据行管部门对省际客运行业监管职能,按照政府对省际客运行业监管的指标体系,采集联网售票中心和 11 家客运站实时的对省际客运行业监管的指标原始数据,并根据监管的业务流程进行监管处理而产生相关数据库,如图 5-11 所示。

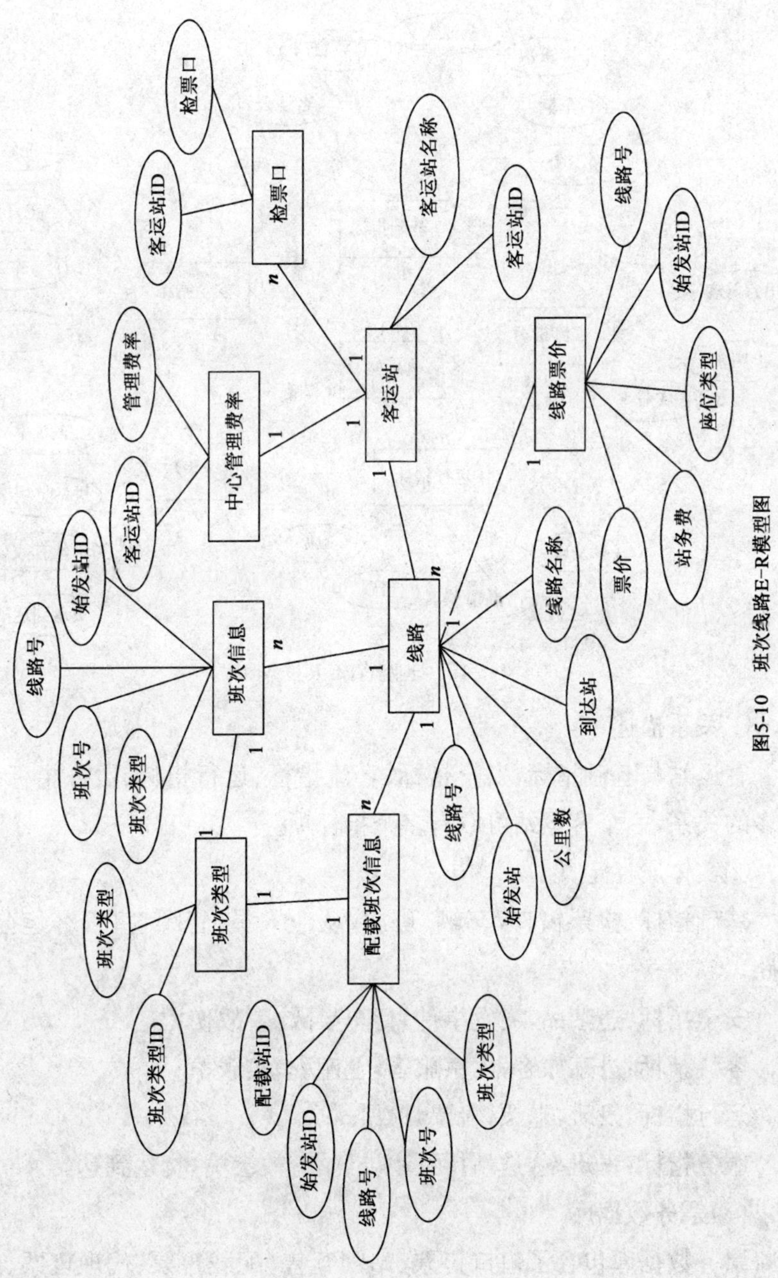

图5-10 班次线路E-R模型图

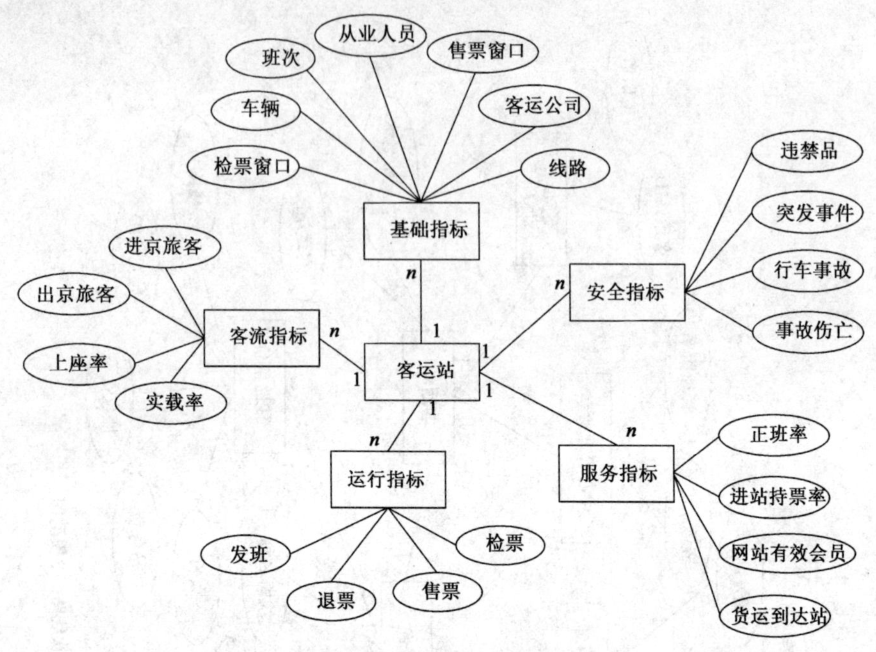

图 5-11　行业监管 E-R 模型图

①关系描述

客运站与基础指标、安全指标、客流指标、运行指标、服务指标是一对多的关系，一个客运站可以有多个指标项。

②实体属性定义

基础指标：检票窗口，车辆，班次，从业人员，售票窗口，客运公司，线路。

安全指标：违禁品，突发事件，行车事故，事故伤亡。

客流指标：进京旅客，出京旅客，上座率，实载率。

运行指标：发班，退票，售票，检票。

服务指标：正班率，进站持票率，网站有效会员，货运到达站。

(3)票务数据库

票务数据库包含了窗口售票、站间互售、配载售票、代理售票、网站售票、客运站取票、检票上车相关的线路、班次、站点、票价、车型、座型、售票数量、售票类型、售票员票据、工号等信息的记录。同时预留面向电话订票、自助购票以及手机购票的信息记录，如图 5-12 所示。

①关系描述

售票信息与退票费率、车票类型、车票状态是多对一的的关系，一个售票信息对应一个座位信息，而座位信息与座位类型、座位状态是多对一的关系。

②实体属性定义

座位信息：始发站 ID，班次号，发车时间，座位号，座位类型，座位状态。

座位类型：座位类型 ID，座位类型。

座位状态：座位状态 ID，座位状态。

售票信息：票号，车票状态，车票类型，证件号，证件类型，发车时间，班次号，座位号，售票员。

车票状态：车票状态 ID，车票状态。

车票类型：车票类型 ID，车票类型。

退票费率：退票费率，时间间隔。

退票信息：操作员，票价，退票率，退票时间，退票票号，原票号。

(4)保险数据库

保险数据库包含了所售保险票关联的数量、乘车人信息、班次车辆信息以及相应保险公司信息，如图 5-13 所示。

①关系描述

保险票信息与保险公司、保险收入是多对一的关系，一家保险公司有多个保险票信息，也有多个保险票段。

②实体属性定义

保险票信息：保险票价，售票时间，身份信息，班次信息，车票票号，保险票号，保险公司。

保险收入：时间，员工号，保险票价，售保险票数，废保险票数，退保险票数。

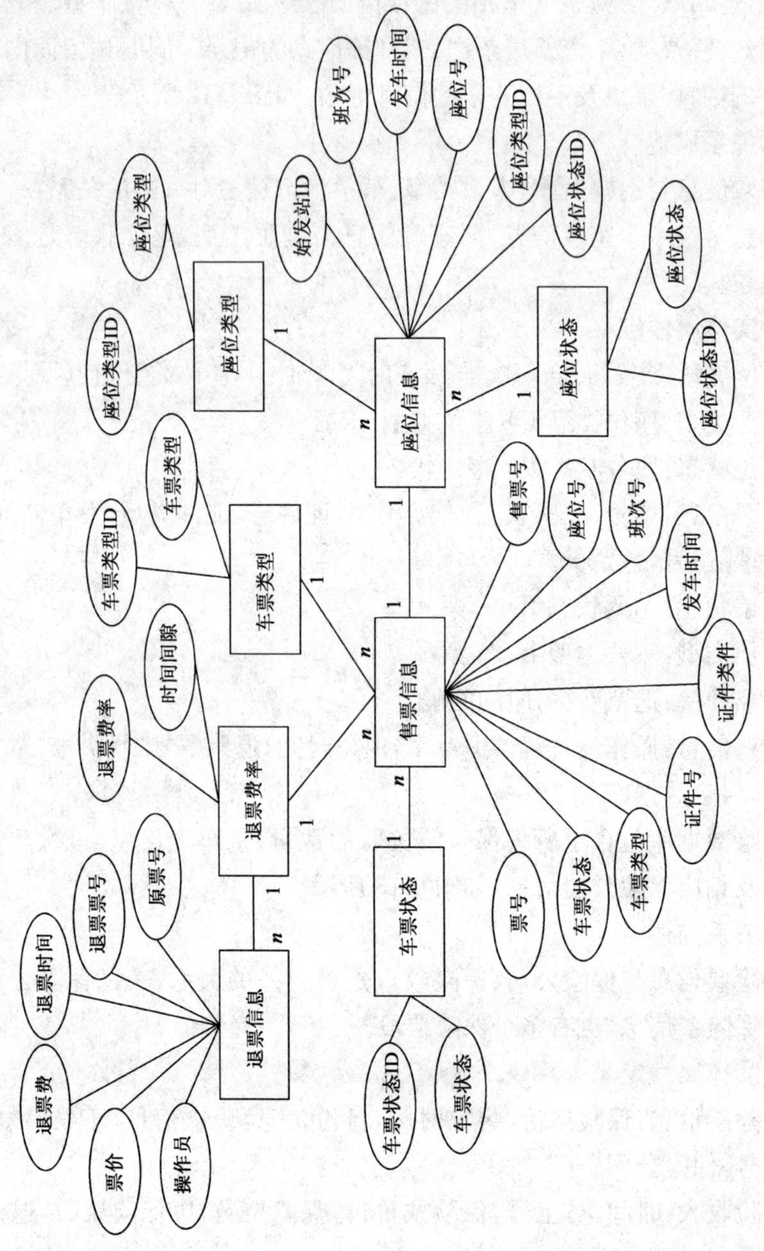

图5-12 票务E-R模型图

保险公司:保险公司 ID,公司名称,使用标记。

保险票段管理:保险公司 ID,票段,售票员,起始票号,终止票号,当前票号。

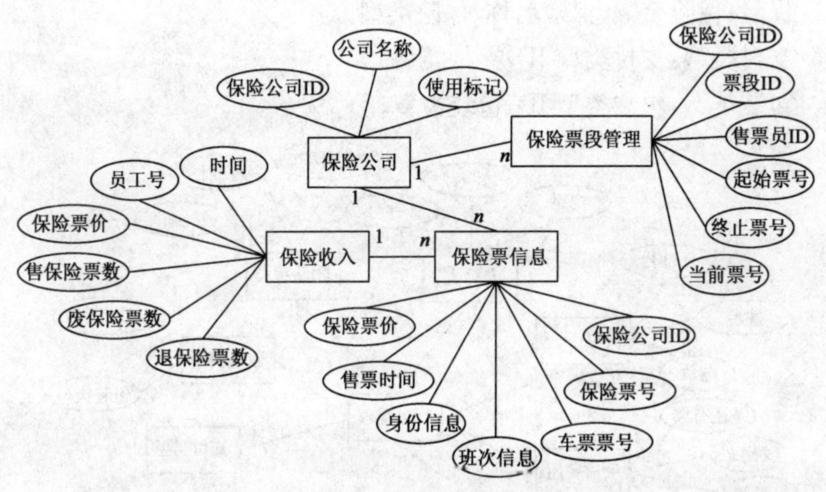

图 5-13 保险 E-R 模型图

(5)行包数据库

行包数据库包括了行包的安检信息,行包发货的受理信息(发货人、收货人、目的地、物品种类、件数、保价、运费等),行包到站信息(始发地、收货人、物品种类、件数、货架位置、保管费用等),小件寄存信息(寄存人身份信息、寄存物品种类、件数、货架位置、寄存费用等),如图 5-14 所示。

①关系描述

行包受理信息与物品种类、寄件人、收货人、受理费用、承运车辆、保险、支付类型、包装类型、物品种类都是多对一的关系,每条行包受理信息都是由上述实体的相关属性组成。

②实体属性定义

物品种类:物品种类 ID,物品种类,种类缩写。

寄件人:姓名,证件号,电话。

收货人:姓名,证件号,电话。

受理费用:是否有票,发到站,里程数,基本费率,重量。

承运车辆:班次号,车牌号,客运公司,车卡。

保险:保险金额,保险名称,保险类型。

支付类型:支付类型 ID,支付类型。

包装类型:包装类型 ID,包装类型。

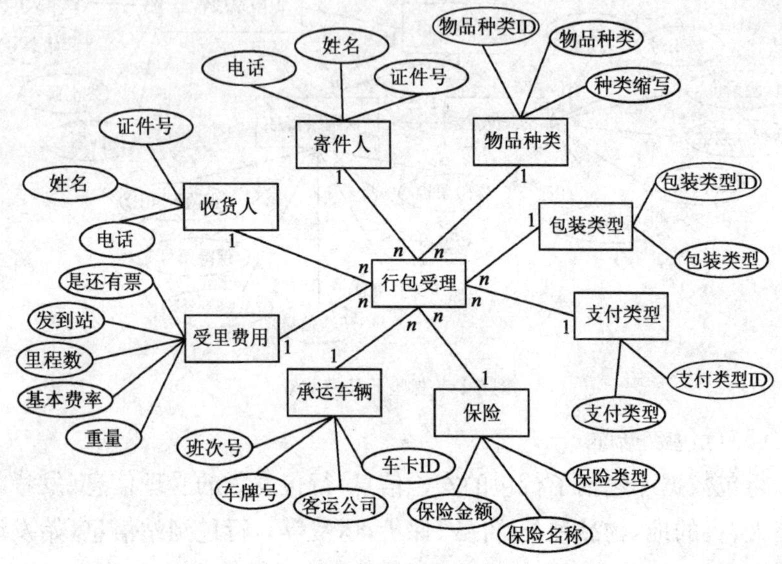

图 5-14 行包 E-R 模型图

(6)站务数据库

站务数据库针对车辆、驾驶员、乘务员在发车之前的相关安全检查记录信息,包括进站、入场、洗车、消毒、车检、报班、上位、出站各个环节的检验信息,如图 5-15、图 5-16 所示。

①关系描述

车量信息与座位类型、车辆类型、客运公司是多对一的关系,与收费记录是一对多的关系,客运公司与驾驶员、乘务员是一对多的关系;车辆信息与车检记录、洗车记录、消毒记录是一对多的关系,与资质信息是一对一的关系。

②实体属性定义

车辆信息:车牌,车辆类型,车卡,座位范围,客运公司,注册时间,线路。

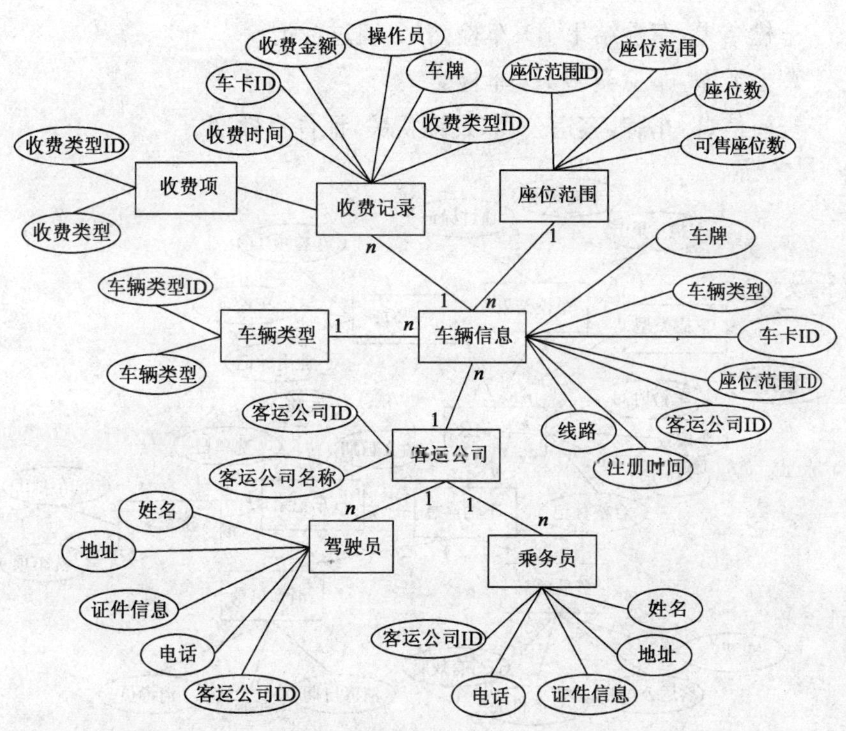

图 5-15 站务基本信息 E-R 模型图

座位范围:座位范围 ID,座位范围,座位数,可售座位数。

收费记录:收费时间,车卡,收费金额,操作员,车牌,收费类型。

收费项:收费类型 ID,收费类型。

车辆类型:车辆类型 ID,车辆类型。

客运公司:客运公司 ID,客运公司名称。

驾驶员:姓名,地址,证件信息,电话,客运公司。

乘务员:姓名,地址,证件信息,电话,客运公司。

车检记录:车检时间,车牌,车检员,合格标记。

洗车记录:洗车时间,车牌,洗车员。

消毒记录:消毒时间,车牌,消毒员。

车检项:车检项 ID,车检项,使用标记。

车检结果:车检结果 ID,车检结果,通过标记。

车检类型:车检类型 ID,车检类型。

资质信息:车牌,客运公司,发证机关,证件有效期。

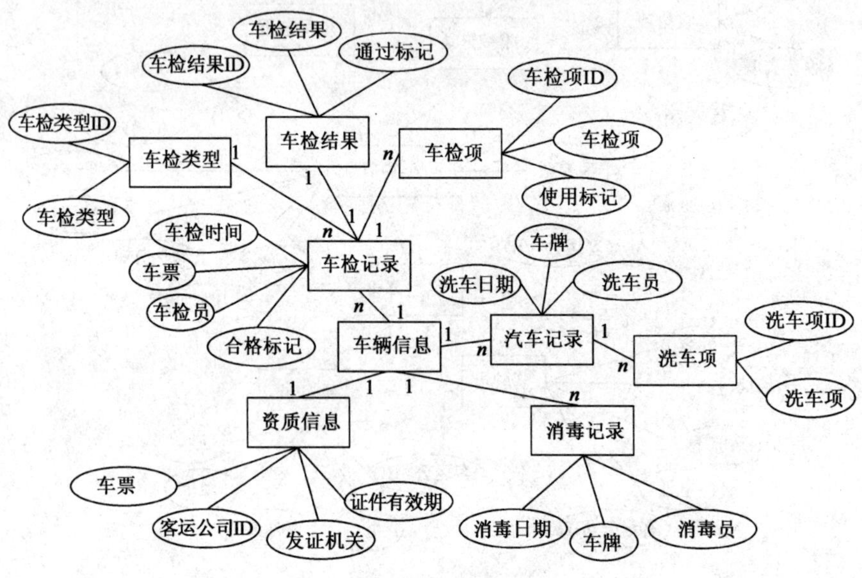

图 5-16　站务管理 E-R 模型图

(7)应急数据库

应急数据库针对客运站公共安全、卫生防疫、车辆在途行驶、危险品处置等方面的应急预案信息、应急通讯录以及突发事件信息等内容的记录,如图 5-17 所示。

①关系描述

突发事件与应急预案、事件类型、事件等级是多对一的关系,与事件评估是一对一的关系,与应急资源是多对多的关系。

②实体属性定义

突发事件:事件名称,处置方式,事件描述,事件等级,发生时间,记录人。

事件类型:事件类型 ID,事件类型。

事件等级:事件等级 ID,事件等级。

事件上报:事件名称,事件描述,上报部门。

事件评估:事件名称,评估内容,评估等级。

应急预案:预案名称,预案等级,预案类别,预案描述。

应急资源:应急物资,应急专家,联动单位。

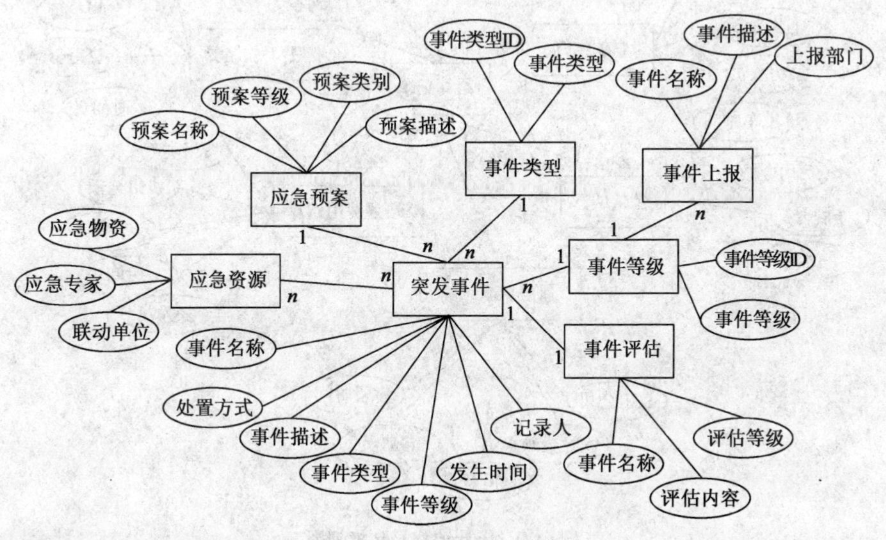

图 5-17　应急指挥 E-R 模型图

(8)统计结算库

统计结算库包含自定义及定制的统计、结算报表模板、统计结果、对账数据、结算锁定数据、结算调整数据等相关信息,如图 5-18 所示。

①关系描述

结算记录与票款结算、行包结算、手工款结算、站务费用结算、保险票款结算是一对多的关系。

②实体属性定义

结算记录:车牌号,结算类型,结算金额,结算时间。

手工款结算:车牌号,费用类型,费用金额,时间。

站务费用结算:费用类型,费用金额,时间,操作员,车牌号。

保险票款结算:保险公司,保险金额,保险数量,售票员,售票时间。

行包款结算:车牌号,费用金额,时间。

票款结算:车牌号,费用类型,费用金额,时间,售票员。

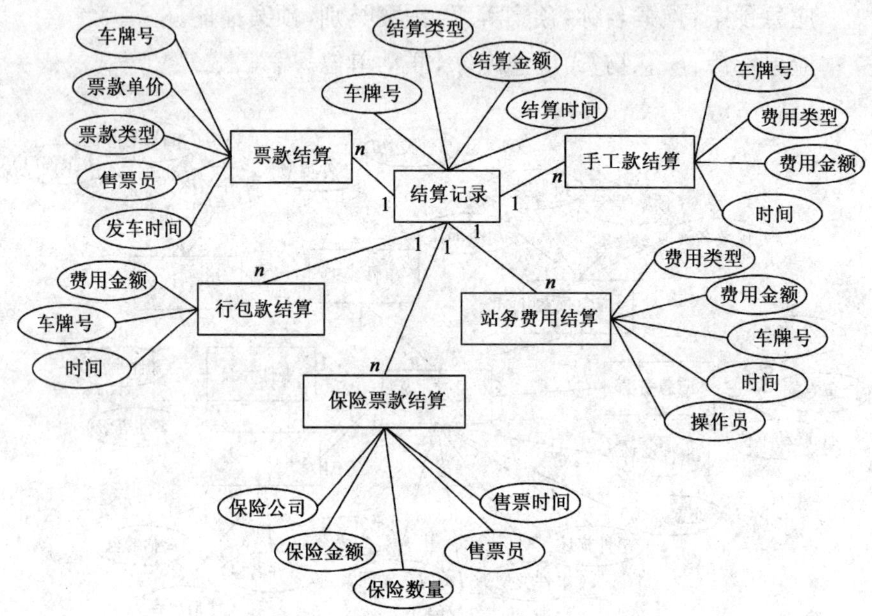

图 5-18　统计结算 E-R 模型图

(9)运维日志数据库

运维日志数据库包括用户操作日志信息、运维过程记录、系统故障信息及实时监控信息等方面的存储记录。该数据库保留日志信息,其实体间不存在关系。

3)数据库内容建设

(1)数据采集

①数据来源

本项目的数据主要来源于以下三个方面：

a. 市交通委针对省际客运监管的指标数据及监测结果业务处理数据。

b. 联网售票中心业务管理和实时监测相关数据。

c. 11 家客运站业务管理、实时监测及 GPS 车辆定位系统的数据。

数据采集的任务就是完成对这几个方面数据的传输和汇总。根据实际情况数据采集包括已有历史数据采集和日常增量数据采集两个方面。

②采集方式

信息资源的采集方式主要包括手工填报、数据获取和数据接口等。

a. 手工填报。手工填报可通过相关功能进行逐项填写，或采用导入的方式批量填报。

b. 脱机导入导出。通过计算机整理数据后，采用光盘、移动硬盘、磁盘阵列等作为介质再手工导入目的数据库。

c. 数据接口。通过数据接口调用的方式获取数据，本项目主要通过综合数据交换系统实现对三级业务系统数据接口。

③采集内容

按照数据库逻辑划分的数据库的内容。

(2)数据更新机制

①实现方式

数据库按存放地分为各站本地数据库、联网售票中心数据库和交通行业数据中心数据库，其中本地数据库又分为当前数据表、历史数据表。系统各数据库之间的数据更新主要包括以下内容：

a. 各站数据库将票务、站务等实时动态信息更新至中心数据库。

b. 中心数据库将线路、站点等基本静态信息更新至各站数据库。

c. 各站将保险数据库的实时动态票务信息更新至中心保险数据库。

d. 中心数据库将静态、动态信息更新至交通委数据中心数据库。

e.各站数据库当前表中的过期数据更新至历史表中。

其中,本地数据表主要存储当前可预售、可托运、可发班等业务数据,过了预售期可受理期的数据系统自动转入历史数据表,历史数据表长期有效可读取。本地库与中心数据库采取发布订阅方式双向交互。联网售票中心数据库采取发布订阅方式单向传送到交通委数据中心数据库。

②更新周期

数据分动态和静态两种数据进行更新维护,数据更新采取数据自定义的订阅发布机制来实现数据的同步。各站每日发布动态的经营数据,联网中心采取订阅方式进行实时同步,联网中心发布系统经营管理用的静态信息,各站采取订阅方式实时同步,两边实施保持数据一致。

第 6 章　行业运行监测指标体系设计

6.1　概　　述

行业运行监管系统是北京市省际客运实名制联网售票系统项目建设的一个重要业务应用系统。建设监管系统一个主要的目的是行管部门能够动态、实时、客观地了解行业运行情况。省际客运实名制联网售票系统作为行业运行的核心业务系统，产生大量的业务数据，基于监测数据计算的指标可以反映行业的运行情况。

行业运行监管指标体系设计旨在对系统产生的业务数据整理和分析基础上，研究制订省际客运运行指标体系的构成、内容及其定义和计算方法，为行业运行监管系统的开发提供基础和支撑。

6.2　设 计 原 则

为使所建立的指标体系能够综合反映省际客运行业的运行情况，在指标体系构建过程中需遵循以下基本原则：

(1)科学性原则。科学性原则一方面是指概念科学、含义明确、计算范围准确、统计口径统一；另一方面则是指监测指标体系易于结构化，以降低监测工作量，使监测工作更科学。

(2)系统性原则。应用系统的理论和方法设计指标体系，省际客运行业的运行监测涉及多方面的内容，这就要求设计时不能仅考虑某一个因素，而应该将省际客运行业作为一个整体，全方位多角度分析行业全貌，并且指标体系要具有动态的适应性。

(3)定性与定量相结合的原则。省际客运行业评价体系是一个多维的综合系统,影响因素既有定量的,也有定性的,这就要求在行业监测指标的选择和运用中,不仅包括系统产生的客观数据,还要包括定性要素。

(4)实用性原则。实用性原则是指所设计的指标体系要具有良好的实用性、可行性。首先,指标体系要繁简适中,计算方法简便易行;其次,数据应易于获取,其信息来源渠道必须可靠,并且易于取得;最后,整体操作要规范,各项监测指标及其相应的计算方法都要标准化、规范化。

6.3 指标体系构成及内容

省际客运政府监管指标体系包括基础指标、运行指标、客流指标、安全指标、服务指标、经济指标和节能减排指标共 7 大类,19 小类,53 项指标,如图 6-1 所示。

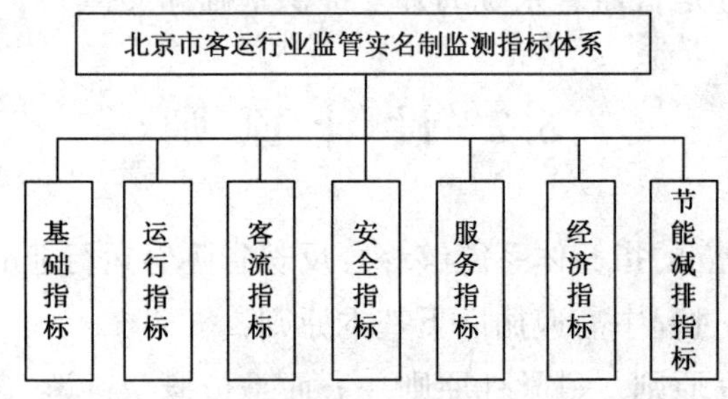

图 6-1 北京市省际客运行业监测指标体系

6.3.1 基础指标

行业基础指标主要包括经营业户、从业人员、运力资源、基础设施 4 个小类,总共 15 项,如表 6-1 所示。基础指标反映了行业的建设与运行规模。

基础指标构成表　　表6-1

类　别	指标名称	定　义
经营业户	客运公司数	在行业管理部门注册运营资质，在各场站承担旅客道路运输（部分附带小件快运）业务的公司实体总数（单位：家）
	省际客运场站数	在北京市内，为跨省旅客运输车辆提供备班、发班场地；为乘客提供咨询、购票、检票上车服务的车站总数（单位：站）
	代理点数	在北京市内，由行业管理部门批准的具备客票信息咨询、客票代售、客票预订和联网统计等功能的代理售票点总数（单位：家）
从业人员	备案驾驶员数	在北京各场站注册登记具有省际客运资质的驾驶员总人数（单位：人）
	省际客运场站员工数	北京各省际客运场站工作且在编在岗的员工总人数（单位：人）
运力资源	审批线路数	由行业主管部门审批并在有效期内，以北京各场站为起点，以国内其他城市为终点的客运车辆所行驶的不同路径总条数（单位：条）
	审批发班数	由行业主管部门审批并在有效期内的各线路发班总数（单位：班）
	审批车辆数	由行业主管部门审批并在有效期内的各线路运营的车辆总数（单位：辆）
	到达站点数	由行业主管部门所审批的，以北京为始发，途经或到达国内其他城市的数量（单位：个）
	运营线路总长度	北京各场站所经营的所有线路的运营班线长度的总和（单位：km）
	行包覆盖率	北京有行包业务的各场站货运到达外埠站点的数量总和与全国外埠点数量总和的比值（单位：%）

续上表

类别	指标名称	定义
基础设施	停车位数	北京各场站为运营车辆提供的备班停车位总数(单位:个)
	发车位数	北京各场站为运营车辆提供的具有发车功能的发车位总数(单位:个)
	售票窗口数	北京各场站为乘客在站内购票提供的售票窗口总数(单位:个)
	检票口数	北京各场站为乘客检票上车提供的检票口总数(单位:个)

6.3.2 运行指标

运行指标主要包括发班、票务2个小类,总共12项,如表6-2所示。运行指标反映了行业运力资源针对客流和物流的配置效率。

运行指标构成表　　表6-2

分类	指标名称	定义
发班情况	计划发班数	统计期内,北京各场站计划发班的班次数之和(单位:次);备注:包括管理部门批准的发班班次和客运站安排的加班班次
	发车正班率	统计期内,北京各场站实际的发班数量总和与计划发班总数的比值(单位:%)
发班情况	日均发班数	统计期内,北京各场站平均每天发出的班次数(单位:次)
	预售班次率	统计期内,北京各场站提前一定天数内发售班次的数量总和与当天实际发售发班总数的比值(单位:%)
	加班率	统计期内,北京各场站加班班次的数量总和与总发班数的比值(单位:%)
	停班率	统计期内,北京各场站报停班次的数量总和与实际发班总数的比值(单位:%)

续上表

分类	指标名称	定义
票务情况	售票数	统计期内,北京各场站、代理点及网站售出车票的总数(单位:张)
	预售票率	统计期内,北京各场站预售票总数与实际售票总数的比值(单位:%)
	联网售票率	统计期内,通过站间互售、配载售票、代理售票、网站售票等联网售票方式售出的车票总数与售票总数的比值(单位:%)
	保险售票率	统计期内,北京售保险票数量的总和与售车票数总数的比值(单位:%)
	待检票数	统计期内,北京各场站仍未检票的车票总张数(单位:张)
	退票率	统计期内,北京各场站的退票总数与售票总数的比值(单位:%)

6.3.3 客流指标

客流指标主要包括进京量、出京量、强度 3 个小类,总共 6 项,如表 6-3 所示。客流指标反映了行业的动态运行规模和运输能力。

客流指标构成表　　表 6-3

分类	指标名称	定义
进京量	进京旅客量	统计期内,客运车辆从外地运送进京旅客总人数(单位:人);备注:统计范围包括各线路、各场站或北京市域
出京量	出京旅客量	统计期内,客运车辆从北京市各客运站运送出京旅客的人数(单位:人);备注:统计范围包括各线路、各场站或北京市域
	出京免票儿童率	统计期内,符合免票标准的出京儿童乘客总人数与乘客总人数的比值(单位:%);备注:统计范围包括各线路、各场站或北京市域

续上表

分 类	指 标 名 称	定 义
客流强度	上座率	统计期内,北京各场站检票上车的乘客数量与总客位数的比值(单位:%);备注:统计范围包括各线路、各场站或北京市域
	实载率	统计期内,北京各场站实际完成的客运周转量与总行程和核定载客数乘积的比值(单位:%);备注:统计范围包括各线路、各场站或北京市域
	旅客波动系数	统计期内,日均客运量与年日均客运量的比值;备注:统计范围包括各线路、各场站或北京市域

6.3.4 安全指标

安全指标主要包括安检、事故 2 小类,总共 6 项,如表 6-4 所示,这是从政府的角度进行监管。安全指标反映了行业安全的基础与状况。

安全指标构成表 表 6-4

类 别	指 标 名 称	定 义
安检情况	车辆例检合格率	统计期内,北京各场站按国家或行业有关标准规定进行安全例行检查的合格车辆数与总安全例行检查车辆数的比值(单位:%)
	行包安检检出率	统计期内,北京各场站在候车安检、行包托运安检、到站安检等环节查出的违禁物品的行李数占所查行李总数的比例(单位:%)
事故情况	突发事件数	统计期内,北京各场站发生的各类突发事件总件数(单位:件)
	行车事故数	统计期内,北京各场站运营车辆发生在途行车事故数(单位:件)
	事故伤亡人数	统计期内,北京各场站运营车辆发生在途行车事故中的伤亡人数(单位:人)
	重特大交通事故数	统计期内,北京各场站运营车辆发生在途行车事故中一次死亡 3 人以上,或者重伤 10 人以上的伤亡交通事故数(单位:件)

6.3.5 服务指标

服务指标主要包括客运服务、在线服务、旅客满意度 3 个小类，总共 7 项，如表 6-5 所示。服务指标反映了行业的服务水平与质量。

服务指标构成表　　表 6-5

分　类	指 标 名 称	定　义
客运服务	发车正点率	统计期内，北京各场站按时发车（实际打印结算单时间未超过计划时间）数量与总发班数的比值（单位：%）
	进站持票率	统计期内，非窗口售出票的检票（已检和待检）数量与检票（已检和待检）数量的比值（单位：%）
	站内候车密度	统计期内，北京各场站站内候车室的旅客总数与车站站内候车室面积的比值（单位：人/m^2）
在线服务	注册用户数	网上售票平台实际注册的累计用户数量总和（单位：人）
	活跃用户数	自然年内，网上售票平台注册用户中至少完成一次交易的用户数（单位：人）
旅客满意度	投诉率	统计期内，电话投诉与网上投诉的数量总和与北京各场站实际运送旅客数量总和的比值（单位：%）
	投诉意见处理率	统计期内，网上和电话平台旅客投诉意见处理件数与旅客意见总件数之比（单位：%）

6.3.6 经济指标

经济指标主要包括客票收入、行包收入和保险收入 3 个小类，总共 3 项，如表 6-6 所示。经济指标反映了行业的收入情况。

经济指标构成表　　表 6-6

分　类	指 标 名 称	定　义
客票收入	客运运营票款收入	统计期内，北京各场站运营所得的票款收入的总和（单位：万）
行包收入	行包托运业务收入	统计期内，北京有行包业务和小件寄存业务的各场站收入总和（单位：万）
保险收入	保险票款收入	统计期内，北京各场站、代理点及网站售出保险票的票款收入的总和（单位：万）

6.3.7 节能减排指标

节能减排指标主要包括客车能耗指标和环境指标 2 个小类，共 4 项，如表 6-7 所示。节能减排指标反映了行业的能源消耗和污染排放状况。

节能减排指标构成表　　表 6-7

分 类	指 标 名 称	定 义
能耗	百车公里燃油消耗量	统计期内，北京各场站客运车辆每行驶百公里的平均燃油消耗数量（单位：千克标油/百吨公里）
	百吨（千人）公里耗油量	统计期内，北京各场站车辆每完成百吨（千人）公里货物（旅客）周转量的平均燃油消耗量（单位：千克标油/千人公里）
环境	客车尾气达标率	统计期内，北京各场站尾气达标的客运车辆与总客运车辆数的比值（单位：%）
	人均公里碳排放量	统计期内，北京各场站客运车辆二氧化碳排放量与旅客周转量的比值（单位：千克/千人公里）

6.4 指标定义及计算方法

指标体系内容涉及项主要包括指标定义、采集方式、采集周期以及计算公式四类内容。

6.4.1 基础指标

基础指标主要包括经营业户、从业人员、运力资源、基础设施 4 个小类，总共 15 项。基础指标反映了行业的建设与运行规模。

1）经营业户

（1）省际客运场站数：在北京市内，为跨省旅客运输车辆提供备班、发班场地，为乘客提供咨询、购票、检票上车服务的车站总数（单位：座）。

采集方式：通过联网售票系统自动采集。

采集周期:每12个月采集1次。

(2)客运公司数:在行业管理部门注册运营资质,在各场站承担旅客道路运输(部分附带货物运输)业务的公司实体总数(单位:家)。

注:不重复计数。

采集方式:通过场站客运公司管理系统自动采集。

采集周期:每12月采集1次。

计算公式:客运公司数=$\sum$各场站客运公司数量－重复客运公司数量。

(3)代理点数:在北京市内,由行业管理部门批准的具备客票信息咨询、客票代售、客票预订和联网统计等功能的代理售票点总数(单位:家)。

注:不重复计数。

采集方式:通过场站客运公司管理系统自动采集。

采集周期:每12月采集1次。

2)从业人员

(1)备案驾驶员数:在北京各场站注册登记具有省际客运资质的驾驶员总人数(单位:人)。

采集方式:通过站务一卡通系统进行自动采集。

采集周期:1月采集1次。

计算公式:备案驾驶员数=$\sum$各站备案驾驶员数。

(2)省际客运场站员工数:北京各省际客运场站工作且在编在岗的员工总人数(单位:人)。

采集方式:通过站务管理系统进行自动采集。

采集周期:每6月采集1次。

计算公式:省际客运场站员工数=$\sum$各站在岗员工数。

3)运力资源

运力资源指标应包括以下内容:

(1)审批线路数:由行业管理部门审批并在有效期内的,以北京各场站为起点,以国内其他城市为终点的客运车辆所行驶的不同路径总条数(单位:条)。

采集方式:通过运输局省际处审批系统数据接口自动采集数据。

采集周期:每6月采集1次。

计算公式:无。

(2)审批发班数:由行业主管部门审批并在有效期内的,各线路发班总数(单位:班)。

采集方式:通过运输局省际处审批系统数据接口自动采集数据。

采集周期:每6月采集1次。

计算公式:审批发班数=∑各审批线路内的发班数。

(3)审批车辆数:由行业主管部门审批并在有效期内各线路运营的车辆总数(单位:辆)。

采集方式:通过运输局省际处审批系统数据接口自动采集数据。

采集周期:每6月采集1次。

计算公式:审批发班数=∑各审批线路内运营车辆数。

(4)到达站点数:由行业主管部门所审批的,以北京为始发,途经或到达国内其他城市的数量(单位:个)。

采集方式:通过场站调度系统自动采集数据。

采集周期:每6月采集1次。

计算公式:到达站点总数=∑各场站到达站点数。

(5)运营线路总长度:北京各场站所经营的所有线路的运营班线长度的总和(单位:km)。

采集方式:通过场站调度系统自动采集数据。

采集周期：每6月采集1次。

计算公式：运营线路总长度＝∑各场站运营线路长度。

(6)行包覆盖率：北京有行包业务的各场站货运到达外埠站点的数量总和与全国外埠点数量总和的比值(单位：%)。

采集方式：通过场站行包系统自动采集数据。

采集周期：每6月采集1次。

计算公式：$行包覆盖率=\frac{\sum 北京各场站行包到达外埠站点数}{\sum 外埠点数量总和}\times 100\%$。

4)基础设施

(1)停车位数：北京各场站为运营车辆提供的备班停车位总数(单位：个)。

采集方式：通过场站基本信息系统自动采集数据。

采集周期：每12月采集1次。

计算公式：停车位数＝∑各场站停车位数量。

(2)发车位数：北京各场站为运营车辆提供的具有发车功能的发车位总数(单位：个)。

采集方式：通过场站基本信息系统自动采集数据。

采集周期：每12月采集1次。

计算公式：发车位数＝∑各场站发车位数量。

(3)售票窗口数：北京各场站为乘客在站内购票提供的售票窗口总数(单位：个)。

采集方式：通过场站基本信息系统自动采集数据。

采集周期：每12月采集1次。

计算公式：售票窗口数＝∑各场站售票窗口数量。

(4)检票口数：北京各场站为乘客检票上车提供的检票口总数(单

位:个)。

采集方式:通过场站基本信息系统自动采集数据。

采集周期:每12月采集1次。

计算公式:售票窗口数$=\sum$各场站售票窗口数量。

6.4.2 运行指标

运行指标主要包括发班、票务指标2个小类,总共12项,运行指标反映了行业运力资源针对客流的配置效率。

1)发班

发班指标包括以下内容:

(1)计划发班数:统计期内,北京各场站计划发班的班次数之和(单位:次)。

注:包括管理部门批准的发班班次和客运站安排的加班班次。

采集方式:通过调度系统自动采集数据。

采集周期:1天采集1次。

计算公式:计划发班数$=\sum$各场站的计划发班数量。

(2)发车正班率:统计期内,北京各场站实际的发班总数量和计划发班总数量的比值(单位:%)。

采集方式:通过调度系统自动采集。

采集周期:1天采集1次。

计算公式:$\text{发车正班率}=\frac{\sum\text{各场站的实际发班数}}{\sum\text{各场站的计划发班数}}\times100\%$。

(3)日均发班数:统计期内,北京各场站平均每天发出的班次数(单位:次)。

采集方式:通过调度系统自动采集。

采集周期:1年采集1次。

计算公式：日均发班数$=\frac{\sum 各场站的实际发班数}{统计期内的天数}$。

(4)预售班次率：统计期内，北京各场站提前一定天数内发售班次的数量总和与发售当天实际发班总数的比值(单位：%)。

采集方式：通过场站调度系统自动采集。

采集周期：1天采集1次。

计算公式：预售班次率$=\frac{\sum 各场站的预售班次数}{实际发班数}\times 100\%$。

(5)加班率：统计期内，北京各场站加班班次的数量总和与总发班数的比值(单位：%)。

采集方式：通过场站调度系统自动采集。

采集周期：1天采集1次。

计算公式：加班率$=\frac{\sum 各场站的加班数量}{实际发班数}\times 100\%$。

(6)停班率：统计期内，北京各场站报停班次的数量总和与实际发班总数的比值(单位：%)。

采集方式：通过场站调度系统自动采集。

采集周期：1天采集1次。

计算公式：停班率$=\frac{\sum 各场站的停班数量}{实际发班总数}\times 100\%$。

2)票务

票务指标应包括以下内容：

(1)售票数：统计期内，北京各场站、代理点及网站售出车票的总数(单位：张)。

采集方式：通过联网售票系统、窗口售票系统自动采集。

采集周期：平时30分钟采集1次，高峰1小时采集1次。

计算公式：售票数$=\sum$各场站售票数量$+\sum$各代理售票数量＋网站

售票数量。

(2)预售票率:统计期内,在各场站乘车的预售票总数与售票总数的比值(单位:%)。

采集方式:通过联网售票系统、窗口售票系统自动采集。

采集周期:平时30分钟采集1次,高峰1小时采集1次。

计算公式:$预售票率=\frac{\sum 在各场站乘车的预售票总数}{售票总数}\times 100\%$。

(3)联网售票率:统计期内,通过站间互售、配载售票、代理售票、网站售票等联网售票方式售出的车票总数与售票总数的比值(单位:%)。

采集方式:通过联网售票系统、窗口售票系统自动采集。

采集周期:平时30分钟采集1次,高峰1小时采集1次。

计算公式:

$$联网售票率=\left[\frac{\sum(各场站站间售票数量+各场站配载售票数量)}{售票总数}+\frac{\sum 各代理售票数量}{售票总数}+\frac{网站售票数量}{售票总数}\right]\times 100\%。$$

(4)保险售票率:统计期内,北京售保险票数量的总和与售车票数总数的比值(单位:%)。

采集方式:通过联网售票系统、保险售票系统自动采集。

采集周期:平时30分钟采集1次,高峰1小时采集1次。

计算公式:$保险售票率=\frac{\sum 售保险票数}{售车票总数}\times 100\%$。

(5)待检票数:统计期内,北京各场站仍未检票的车票总张数(单位:张)。

采集方式:通过检票系统自动采集。

采集周期:平时30分钟采集1次,高峰1小时采集1次。

计算公式:待检票数$=\sum$各场站的未检票数。

(6)退票率:统计期内,北京各场站的退票总数与售票总数的比值(单位:%)。

采集方式:通过联网售票系统、窗口售票系统自动采集。

采集周期:平时30分钟采集1次,高峰1小时采集1次。

计算公式:总退票率$=\frac{\sum 各场站退票数}{售票总数}\times 100\%$。

6.4.3　客流指标

客流指标主要包括进京量、出京量、客流强度3个小类,总共6项。客流指标反映了行业的运行规模和运输能力。

1)进京量

进京量指标应包括以下内容:

进京旅客量:统计期内,客运车辆从外地运送进京旅客总人数(单位:人)。

注:统计范围包括各线路、各场站或北京市域。

采集方式:通过调度系统自动采集填报数据(车辆报班时手工填报,不能准确衡量进京人数,如中途下车乘客以及驾驶员未认真清点进站人数)。

采集周期:1天采集1次。

计算公式:进京旅客量$=\sum$各场站线路进京人数。

2)出京量

出京量指标应包括以下内容:

(1)出京旅客量:统计期内,客运车辆从北京市各客运站运送出京旅客的人数(单位:人)。

注:统计范围包括各线路、各场站或北京市域。

采集方式:通过检票系统自动采集。

采集周期:平时30分钟采集1次,高峰1小时采集1次。

计算公式:出京旅客量$=\sum$各场站线路出京人数。

(2)出京免票儿童率:统计期和统计范围内,符合免票标准的出京儿童乘客总人数与乘客总人数的比值(单位:%)。

注:统计范围包括各线路、各场站或北京市域。

采集方式:通过检票系统自动采集。

采集周期:平时一天采集1次。

计算公式:

$$出京免票儿童率=\frac{\sum 符合免票标准的出京儿童人数}{\sum 各场站线路出京人数}\times 100\%。$$

3)客流强度

客流强度指标应包括以下内容:

(1)上座率:统计期和统计范围内,检票上车的乘客数量与总客位数的比值(单位:%)。

注:统计范围包括各线路、各场站或北京市域。

采集方式:通过调度系统和检票系统自动采集。

采集周期:无需采集。

$$计算公式:上座率=\frac{\sum 各场站线路检票数}{总客位数}\times 100\%。$$

(2)实载率:统计期内,北京各场站实际完成的客运周转量与总行程和核定载客数乘积的比值(单位:%)。

注:统计范围包括各线路、各场站或北京市域。

采集方式:通过调度系统和检票系统自动采集。

采集周期:无需采集。

计算公式:

$$实载率=\frac{\sum 各场站线路实际完成的客运周转量}{总行程和核定载客数的乘积}\times 100\%。$$

(3)旅客波动系数:统计期内,繁忙时段的日均客运量与年日均客运量的比值。

注:统计范围包括各线路、各场站或北京市域。

采集方式:通过调度系统和检票系统自动采集。

采集周期:季度或月度。

计算公式:旅客波动系数$=\frac{\text{繁忙时段的日均客运量}}{\text{年日均客运量}}$。

6.4.4　安全指标

安全指标主要包括安检、事故 2 小类,总共 6 项,这是从政府的角度进行监管。安全指标反映了行业安全的基础与状况。

1)安检

安检指标应包括以下内容:

(1)车辆例检合格率:统计期内,北京各场站按国家或行业有关标准规定进行安全例行检查的合格车辆数与总安全例行检查车辆数的比值(单位:%)。

采集方式:各场站安保人员通过人工上报系统进行填报。

采集周期:按天查出后人工填报。

计算公式:车辆例检合格率$=\frac{\sum\text{安全例检合格车辆数}}{\sum\text{安全例检车辆数}}\times 100\%$。

(2)行包安检检出率:统计期内,北京各场站在候车安检、行包托运安检、到站安检等环节查出的违禁物品的行李数占所查行李总数的比例(单位:%)。

采集方式:各场站安保人员通过人工上报系统进行填报。

采集周期:按天查出后人工填报。

计算公式:行包安检检出率$=\frac{\sum\text{各场站检出违禁品数}}{\sum\text{各场站所查行李数}}\times 100\%$。

2)事故

安全事件指标应包括以下内容:

(1)突发事件数:统计期内,北京各场站发生的各类突发事件总件数(单位:件)。

采集方式:各场站安保人员通过人工上报系统进行填报。

采集周期:事故发生后,场站主动进行人工填报。

计算公式:突发事件数=∑各场站突发事件数。

(2)行车事故数:统计期内,北京各场站运营车辆发生在途行车事故数(单位:件)。

采集方式:各场站安保人员通过人工上报系统进行填报。

采集周期:事故发生后,场站主动进行人工填报。

计算公式:行车事故数=∑各场站行车事故数。

(3)事故伤亡人数:统计期内,北京各场站运营车辆发生在途行车事故中伤亡人数(单位:人)。

采集方式:各场站安保人员通过人工上报系统进行填报。

采集周期:事故发生后,场站主动进行人工填报。

计算公式:事故伤亡人数=∑各场站行车事故伤亡人数。

(4)重特大交通事故数:统计期内,北京各场站运营车辆发生在途行车事故中一次死亡 3 人以上,或者重伤 10 人以上的伤亡事故数(单位:件)。

采集方式:各场站安保人员通过人工上报系统进行填报。

采集周期:事故发生后,场站主动进行人工填报。

计算公式:重特大交通事故=∑各场站重特大交通事故数。

6.4.5 服务指标

服务指标主要包括客运服务、在线服务、旅客满意度 3 个小类,总共 7 项,这是从政府的角度进行监管。服务指标反映了行业的服务基础与质量。

1)客运服务

客运服务指标应包括以下内容:

(1)发车正点率:统计期内,北京各场站按时发车(实际打印结算单时间未超过计划时间)数量与总发班数的比值。

采集方式:通过各场站调度系统、检票系统自动采集。

采集周期:1天采集1次。

计算公式:发车正点率$=\frac{\sum\text{各场站正点发车数}}{\text{实际发车数}}\times 100\%$。

(2)进站持票率:统计期内,非窗口售出票的检票(已检和待检)数量与检票(已检和待检)数量的比值。

采集方式:通过联网售票系统、窗口售票系统自动采集。

采集周期:1天采集1次。

计算公式:进站持票率$=\frac{\sum\text{各场站非窗口售出票的检票数}}{\sum\text{各场站检票数}}\times 100\%$。

(3)站内候车密度:统计期内,北京各场站站内候车室的旅客总数与车站站内候车室面积的比值(单位:人/m^2)。

采集方式:通过各场站调度系统、检票系统自动采集。

采集周期:1天采集1次。

计算公式:站内候车密度$=\frac{\sum\text{各场站候车室的旅客数}}{\sum\text{各场站候车室面积}}$。

2)在线服务

在线服务指标应包括以下内容:

(1)注册用户:自然年内,网上售票平台实际注册的用户数量总和(单位:人)。

采集方式:通过省际客运信息网后台自动采集。

采集周期:1年采集1次。

计算公式:注册用户$=\sum$网上实际注册用户人数。

(2)活跃用户数:自然年内,网上售票平台注册用户中至少完成一次交易的用户数(单位:人)。

采集方式:通过省际客运信息网后台自动采集。

采集周期:1 年采集 1 次。

计算公式:活跃用户数$=\sum$至少完成一次交易的网上注册用户数。

3)旅客满意度

旅客满意度指标应包括以下内容:

(1)投诉率:统计期内,电话投诉与网上投诉的数量总和与北京各场站实际运送旅客数量总和的比值(单位:%)。

采集方式:通过省际客运信息网后台自动采集。

采集周期:1 个月采集 1 次。

计算公式:投诉率$=\frac{\sum \text{电话投诉与网上投诉的数量}}{\sum \text{北京各场站实际运送旅客数量}}\times 100\%$。

(2)投诉意见处理率:统计期内,网上和电话平台旅客投诉意见处理件数与旅客意见总件数之比(单位:%)。

采集方式:通过省际客运信息网后台自动采集。

采集周期:1 个月采集 1 次。

计算公式:

$$\text{投诉意见处理率}=\frac{\sum \text{网上及电话平台旅客投诉意见处理数}}{\sum \text{网上及电话平台旅客意见数}}\times 100\%。$$

6.4.6 经济指标

经济指标主要包括客票收入、行包收入和保险收入 3 个小类,总共 3 项。经济指标反映了行业的收入情况。

1)客票收入

客票收入指标应包括以下内容:

客运运营票款收入:统计期内,北京各场站运营所得的票款收入的总和(单位:万)。

采集方式:通过联网售票系统和窗口售票系统自动采集。

采集周期:1天采集1次。

计算公式:客运运营票款收入＝∑各场站运营所得票款收入。

2)行包收入

行包收入指标应包括以下内容:

行包托运业务收入:统计期内,北京有行包业务和小件寄存业务的各场站收入总和(单位:万)。

采集方式:通过行包业务系统自动采集和小件寄存人工上报系统进行填报。

采集周期:1天采集1次。

计算公式:行包托运业务收入＝∑各场站行包与小件寄存收入。

3)保险收入

保险收入指标应包括以下内容:

保险票款收入:统计期内,北京各场站、代理点及网站售出保险票的票款收入的总和(单位:万)。

采集方式:通过联网售票系统和窗口售票系统自动采集。

采集周期:1天采集1次。

计算公式:保险票款收入＝∑各场站、代理点及网站售保险票票款。

6.4.7　节能减排指标

节能减排指标主要包括能耗指标和环境指标2个小类,共4项,节能减排指标反映了行业的能源消耗和污染排放状况。

1)能耗指标

(1)客车百车公里油耗:统计期内,北京各场站客运车辆每行驶百公里的平均燃油消耗数量(单位:升/百车公里)。

采集方式:通过客运公司人工上报系统进行填报。

采集周期:1个月采集1次。

计算公式:$$客车百车公里油耗=\frac{\sum 客车燃油消耗量}{\sum 换算周转量}\times 100。$$

(2)百吨(千人)公里耗油量:统计期内,北京各场站车辆每完成百吨(千人)公里货物(旅客)周转量的平均燃油消耗量(单位:升/百吨(千人)公里)。

采集方式:通过客运公司人工上报系统进行填报。

采集周期:1个月采集1次。

计算公式:

$$百吨(千人)公里耗油量=\frac{\sum 北京各场站客运车辆耗油量}{\sum 北京各场站旅客周转量}\times 100。$$

2)环境指标

(1)客车尾气达标率:统计期内,北京各场站尾气达标的客运车辆与总客运车辆数的比值(单位:%)。

采集方式:通过客运公司人工上报系统进行填报。

采集周期:1个月采集1次。

计算公式:

$$客车尾气达标合格率=\frac{\sum 北京各场站尾气达标的客运车辆数}{\sum 北京各场站营运车辆数}\times 100\%。$$

(2)人均公里碳排放量:统计期内,北京各场站客运车辆二氧化碳排放量与旅客周转量的比值(单位:千克/千人公里)。

采集方式:通过客运公司人工上报系统进行填报。

采集周期:1个月采集1次。

计算公式:

$$人均公里碳排放量=\frac{\sum 北京各场站客运车辆碳排放量}{\sum 北京各场站旅客周转量}\times 100。$$

第7章 建设运行

省际客运是全国各地旅客进出京的重要交通方式之一，具有重要的公共服务功能。截至2013年年底，北京市共有道路运输经营业户数375户，营运车辆4 018辆，运营线路909条，通达天津、河北、河南、山东、山西、内蒙等22个省市，全国528个城市。同时，省际客运行业具有“灵活、机动、方便”等特点，是社会各界和百姓十分关注的民生领域。

2004年，作为北京市市政府56件实事之一，使用市财政资金建设了北京市省际客运联网售票系统。随着行业的快速发展，现有系统在管理与服务等方面已不能满足需求。为进一步提升北京市省际客运行业的服务水平，方便旅客出行和购票，北京市决定启动建设省际客运实名制联网售票系统的建设。

7.1 建设思路

(1)了解现状，科学分析

联网售票是省际客运行业发展的必然趋势，但难度极大，因为联网售票系统建设会触及到多种矛盾和多方利益。必须对全市客运站售票现状进行调查，收集资料，基本掌握各客运站现有售票系统的经营模式、功能特点、发展需求等。

(2)编制规划，统一标准

行管部门应找准影响客运联网售票系统发展的关键问题和主要困难，召开多方专题研讨会，既要充分维护社会公众的根本利益，也应考虑客运站的切身利益，寻求各方共同点，选取突破口。参照部分省市的成功运营经验，在对客运行业市场规律分析的基础上，编制规划，统一标准，制订政策，出台法规，做好行业应用的前期准备工作，包括选择推广应用模式、制订技术功能规范、建立相关配套制度。

(3)顶层设计，分步实施

从顶层设计的角度进行集政府监管、联网售票、站务运营于一体的行业信息化系统的深化设计，积极推进系统涉及的相关标准和技术规范的编制，为项目的开展提供科学指导；系统建设要总体部署，分步实施，做到整体有思路，阶段有成果。

(4)结合实际，突出亮点

立足于省际客运行业运营管理现状，认真梳理业务需求，在借鉴原有系统的基础上有所创新和突破，建设全新的且在全国有示范作用的省际客运行业信息化系统。

7.2 建设过程

2013年7月，北京市省际客运实名制联网售票系统正式启动建设。在经过现状调研、需求分析的基础上，于10月份完成了原型系统开发工作。在新系统设计时，遵循与原系统兼容的设计思路，并于2013年12月初完成了实名制联网售票系统的开发、测试和部署。

为更好地推进新软件的使用和实名制售票的实施，采用两步走的系统推行使用策略：

(1)全面推行新软件的使用

为使各客运站更好地熟悉和掌握新系统的使用，先期于2013年12月17日各站切换使用新系统，此时将新系统的实名售票功能关闭(无需证件也可利用新系统售票)，售票员无需录入身份信息，也可使用新的窗口售票系统售票，使各站售票员熟悉系统使用，并及时发现系统使用中存在的问题。

(2)全面推行实名制售票

在新软件(实名功能关闭)使用过程中，对发现的问题进行修改和完善，并于2014年1月1日全面推行实名制售票，为更好地推行实名制售票，特制订了《北京市省际道路客运实名制售票验票管理办法(试行)》。

附　　录

北京市省际道路客运实名制售票验票管理办法(试行)

第一章　总　　则

第一条　为了提高省际道路客运管理和服务水平，规范票务管理，维护旅客权益，依据《中华人民共和国道路运输条例》、《北京市道路运输条例》及有关规定，制订本管理办法。

第二条　本市各省际客运场站及其站外延伸配载站点、市内各客票代售服务点的售票验票管理服务，适用本办法。

第三条　本市建设省际道路客运实名制票务管理系统及应用平台，实行实名制售票验票。旅客在本市各省际客运场站及其站外延伸配载站点、市内各客票代售服务点(以下分别简称客运场站、配载站点、代售点)购票和乘车时，应出示有效的身份证件；客运场站、配载站点、代售点须登记、验证并留存旅客实名信息。

第四条　本办法所称旅客有效的身份证件包括：

(一)合法有效的第二代居民身份证或临时身份证、户口簿；身高150cm以上、16周岁以下未成年人学生证(卡)；

(二)合法有效的军人保障卡、军官证、武警警官证、士兵证、军队学员证、军队文职干部证、军队离退休干部证；

(三)合法有效的港澳居民来往内地通行证、台湾居民来往大陆通行证；

(四)外国人持有的合法有效的护照、外国人居留证、外国人出入境证、外交官证、领事馆证、海员证;外交部开具的外国人身份证明、地方公安机关出入境管理部门开具的护照报失证明、中华人民共和国旅行证。

第二章　购票和售票

第五条　旅客凭有效的身份证件,可以自主选择以下购票渠道和方式:

(一)在客运场站售票窗口预购、现购该站或其他客运场站的始发车票;

(二)在市内各代售点预购可供选择的班线车票;

(三)在客运场站的延伸配载站点现购车票;

(四)持有第二代居民身份证、护照、港澳居民来往内地通行证、台湾居民来往大陆通行证的旅客,还可以登陆本市省际客运信息网(网址:e2go.com.cn),以网上支付方式预购可供选择的班线车票,临行时凭相应证件到客运场站取票乘车。

第六条　在同一乘车班次或同一乘车时间段内,一张有效身份证件限购一张车票。

第七条　身高120～150cm的儿童应购买儿童票,身高超过150cm的儿童须购买全价票。

成人旅客持一张全票可以免费随带1名身高不足120cm且不占座位的儿童;随带儿童超过1名时,应按超过的人数购买儿童票。随带儿童可以不出示身份证件,成人旅客应将携带儿童的姓名和身份信息告知售票员。

第八条　旅客可以委托他人代购车票,但受托人须持乘车人的有效身份证件(或复印件)购票。

第九条　无法提供有效身份证件的旅客,确需应急购票乘车的,可以到客运场站警务室说明缘由、自报身份,经警务人员核实、登记后办理《旅客购票乘车临时证明》(式样见附件),持该证明购票乘车。

由客运场站警务室出具的《旅客购票乘车临时证明》,限定用于旅客购票、退票、检票,其他场合使用无效。

第十条　符合法定购票乘车优抚条件的旅客,应当同时出示优抚证件。

第十一条　各客运场站售票窗口、各配载站点、各代售点应当配备符合《台式居民身份证阅读器通用技术要求》(GA450—2003)的第二代居民身份证机读设备,并与实名制票务管理系统连接,自动采集旅客身份证信息并截取显示于票面。

旅客持无法机读的有效身份证件购票时,售票人员须将有关信息手工录入系统,交付车票时应提示旅客当场核对,核对有误时应重新制票出票。

第十二条　各客运场站应当为网上支付购票的旅客设置取票专口,确保旅客进站后顺利取票。一级客运场站应当同时配备旅客自助式取票设备。

第十三条　旅客退票时应持购票时使用的有效证件,到乘车客运场站退票窗口办理退票手续;票务人员核对车票和证件信息,票、证信息一致的方予办理退票手续。以网上支付方式预购车票的退票旅客,已取票的应在客运场站退票窗口退票,未取票的可在网上退票。

第三章　验票和上车

第十四条　各客运场站应设立独立和封闭的候车区,并在候车区入口处同时配置车票信息读取显示设备和 X 光安检设备,由站务人员对进入候车区的旅客进行验票和安检。

没有条件设立独立和封闭候车区的客运场站,应根据场地环境设置必要的简易隔离设施,保证验证验票环节和流程合理顺畅。

验票设备出现故障时,应当临时改用人工验票方式。

第十五条　旅客须持有效身份证件和当期车票接受验票和安检,经确认票面信息与身份信息相符且安检无异常后,方可进入封闭候车区。

旅客持优抚车票接受验票时,应同时出示优抚证件。持非全价车票

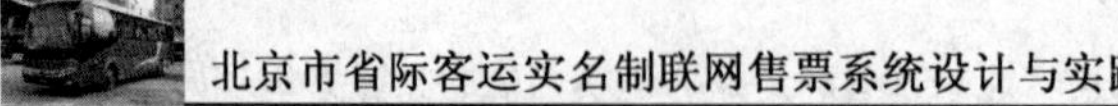

随成人旅客同行的儿童，可以不出示身份证件。

第十六条 客运场站须在封闭的候车区域内为候车旅客提供饮水、盥洗、如厕、购物等充分的便利条件。旅客临时离开封闭候车区的，返回时须重新验票和安检。

第十七条 临近发车时，客运场站应当通过广播和电子显示屏明确告知候车旅客；站务人员应当引导旅客在登车出口处依次检票上车，同时提醒旅客自行核对确认乘车日期、班次、终到站等是否与出行目的相符，防止误乘和漏乘。

第四章 管理和应急

第十八条 本市省际客运联网售票中心为各客运场站及配载站点、代售点提供技术支持，指导各站、点做好系统日常维护工作，并完备系统安全防护、故障应急等预案和措施，确保系统安全、稳定、有效运行。

第十九条 为了确保客流高峰时段的公共安全和运行秩序，各客运场站在实行实名制售票验票管理服务的同时，应当根据本场站高峰客流承载能力，完备应急预案，健全应急机制，常备必要的应急物品物件，并及时进行客流预测，适时采取提前预售、扩大网售、增开专口和优化验票流程、设置安全隔离等应急性措施。

第二十条 各客运场站因采取客流高峰应急措施必须临时简化实名售票验票管理服务程序的，应事先报局审定准许；紧急情况下可由场站主要领导临时决定，事后及时报告。

第二十一条 实名制售票验票产生的旅客个人信息必须依法受到保护。售票验票工作人员、系统维护管理人员及行业内其他人员必须保证在自己经手的工作环节上，旅客个人信息不被擅自复制和外泄。严禁任何人以旅客个人信息进行利益交换和违法交易。对渎职和违规者将依法严肃追责。

第二十二条 各客运场站、配载站点、代售点应当通过各种媒介和载体，向旅客积极宣传、充分告知、明确解释实名制售票验票管理服务事项,设置和完善管理服务引导标识,为旅客实名购票、验票、乘车提供便利。

第五章　附　　则

第二十三条　客运场站与配载站点间的票务管理和结算事宜,另作规定。

第二十四条　本办法未尽事宜按行业管理服务有关规定执行。

第二十五条　本办法自 2014 年 1 月 1 日起施行。

参 考 文 献

[1] 王志刚.美国公路客运观感及展望[J].汽车运用,2004(1).

[2] 潘志开,周敏.美国公路长途客运管理经验对我国的启示[J].物流技术,2004(10).

[3] 高洪涛,王芳.我国道路运输现代化建设评价体系的建立[J].道路运输管理,2005,3:38-44.

[4] 蔡玉贺.公路客运行业管理若干问题研究[D].西安:长安大学,2006.

[5] 舒强.我国公路长途客运交通安全管理现状及对策研究[J].交通企业管理,2012,27(9).

[6] 高雁.高铁时代长途客运站的营运管理[J].交通企业管理,2011,26(7).

[7] 赵梦伟,葛迪.多维分析技术的行业应用研究[J].中国交通信息产业,2008(07):118.

[8] 程龙生,牛俊磊,时建中.公路长途客运顾客满意度模型及其应用[J].数理统计与管理,2012,31(1):15.

[9] 金宁,隽志才.基于顾客满意度的城市公交服务水平[J].吉林大学学报(工学版),2008(2):63-66.

[10] 熊琦,虞明远.基于情景分析法的北京市道路省际客运需求预测研究[J].交通运输工程与信息学报,2006,4(4):94-99.

[11] 李黔刚.泛珠三角区域道路运输谋划加强合作推进信息化合作共同发展省际客运[N].中国交通报,2009-11-25(002).

[12] 韩媛媛.基于时序数据挖掘及可视化技术的研究与实践[D].上海:东华大学,2010.

[13] 朱文艳,蹇小平,肖盼.山西省道路旅客运输企业安全评价指标体系研究[J].中国安全生产科学技术,2012,8(4).

[14] 郎兵,赵明林.企业管理“粗枝大叶”难过关[N].中国交通报,2001-

08-24(006).

[15] 陈隽,赵霁.交管数据综合分析系统的研究与实现[J].电脑与信息技术,2007,15(5).

[16] 费国新,万宏雷,温玉莎.江苏省高速公路建设安全生产监管评价指标体系的构建[J].现代交通技术,2011,8(4).

[17] 张皓昆.综合交通枢纽信息集成管理平台研究与设计[D].上海:复旦大学,2011.

[18] 刘庆春.佳运集团发展战略[D].黑龙江:哈尔滨工程大学,2011.

[19] 徐志刚.葫芦岛市道路客运系统规划战略[D].吉林:吉林大学,2010.

[20] 孙莹.公路长途客运站顾客满意度测评方法及应用研究[D].南京:南京理工大学,2007.

[21] 金浩.城乡交通一体化研究——以衡水市为例[D].河北:河北工业大学,2010.

[22] 胡竑正.长途客运企业小件快运战略联盟的研究[D].上海,上海交通大学,2008.

[23] 马伯夷.长途客运场站信息系统标准化研究[D].北京:北京工业大学,2004.

[24] 赵晓进.长途客车远程监控系统设计[D].西安:西安建筑工业大学,2010.

[25] 马丽娟.长途客车客流设计系统设计[D].西安:西北工业大学,2007.

[26] 高春旭.长途客车监控调度系统的设计与实现[D].黑龙江:哈尔滨工程大学,2010.

[27] 张世和.道路省际客运价值链管理研究[J].交通企业管理,2009(10).

[28] 钟波.我国汽车客运站建设中存在的问题及对策[J].技术与市场,2011,18(11).

[29] 舒强,黄金晶,夏富涵.我国公路长途客运交通安全管理现状及对

策研究[J].交通企业管理,2012(9).

[30] 刘英.浅谈如何提高客运行业统计指标科学性的一点思考[J].才智,2011(24).

[31] 孙伟.汽车客运站安全评价指标体系研究[D].西安:长安大学,2006.

[32] 孙晓峰,余巧凤.客运站综合交通体系技术评价指标体系初探[J].铁道经济研究,2008(04).

[33] 郑琪.基于WSR的道路客运企业安全管理框架体系构建[J].中国安全生产科学技术,2012,8(12).

[34] 赵文健.功效系数法在道路客运企业质量信誉考核评价中的应用[J].中国市场,2012(41).

[35] 陈桃生.公路快速客运系统评价指标体系及评价方法研究[D].成都:西南交通大学,2006.

[36] 刘少波.公路客运站站务评价指标体系的确定[J].交通科技与经济,2008(05).

[37] 黄俊玲.道路运输企业考核、评价、监控指标体系研究[D].西安:长安大学,2004.

[38] 罗清玉.道路运输行业评价监控指标体系研究[D].西安:长安大学,2004.

[39] 宋金鹏,魏立峰.公路客运发展空间探析[J].交通企业管理,2008,4:65-66.

[40] 吉淑娥.黑龙江省道路运输业综合能力评价体系研究[D].哈尔滨:东北林业大学,2006.

[41] 吴群琪.公路运输企业技术经济考核指标[D].西安:长安大学,1988.

[42] 任乐.道路运输服务体系评价指标体系研究[D].西安:长安大学,2004.

[43] 巩航军.道路运输企业安全综合评价研究[D].西安:长安大

学,2003.

[44] 李国凯.道路客运行业与客运服务质量[J].交通企业管理,1999(6)14-15.

[45] 文子娟.公路客运服务顾客满意度评价研究[D].成都:西南交通大学,2007.

[46] 刘晓燕.顾客满意度指数模型研究[M].北京:中国财政经济出版社,2004.

[47] 张显悦,郭文丽,邵明晖.公路客运乘客满意度评价体系的构建[J].黑龙江工程学院学报,2009,23(1).

[48] 李臣,周炜,司景萍,等.公路长途客运存在的问题及对策研究[J].公路与汽运,2008(06).

[49] 陈克明.综合多功能客运站点——城市综合交通影响下的大型综合性客运站形态研究[D].深圳:深圳大学,2003.

[50] 龚磊.公路客运站存在的问题及解决方法[J].综合运输,2003(1).

[51] 李金荣.汽车客运站安全管理存在的问题与思考[J].交通企业管理,2004.

[52] 巩航军.道路运输企业安全综合评价研究[D].西安:长安大学.2003.

[53] 陈雄生.基于模糊理论的公路旅客满意度综合评价研究[J].道路交通与安全,2006(10):35-37.

[54] 纪跃芝,冯延辉.AHP模型在道路客运质量评价中的应用[J].吉林工学院学报,1997(4):67-72.

[55] 张巍.陕西省公路高速客运发展战略研究[D].西安:长安大学,2003.

[56] 陈引社.公路干线客运市场政策体系的建立和完善[J].长安大学学报,2004(5).

[57] 张晓东,王国栋.高速公路旅客运输对客运服务的影响及对策[J].内蒙古科技与经济,2005(8).

[58] 李岩,沈徽,张显悦. 基于人工神经网络公路客运质量评价方法研究[J]. 森林工程,2004(4).

[59] 谢向前,张翼新. 高速公路客运企业集约化经营评价指标研究[J]. 交通企业管理,2004(12).

[60] Dr. Jay K. Lindly. Intercity Bus Service Study[R]. The University of Alabama Tuscaloosa, Alabama: Department of Civil, Construction, and Environmental Engineering, 2007.

[61] Lauren A. Fischer, Joseph P. Schwieterman. The Decline and Recovery of Intercity Bus Service in the United States: A Comeback for an Environmentally Friendly Transportation Mode[J]. Environmental Practice, 2011, 13(1) .

[62] Alberto Müller. Argentina: regulatory reform in intercity bus transportation-impacts and issues[R]. Buenos Aires University: Economic Sciences Faculty .

[63] Development of Intercity Bus Strategic Plan and Program[R]. Illinois Department of Transportation Division of Public Transportation and University of Illinois at Chicago Metropolitan Transportation Initiative .

[64] Randal O'Toole. Intercity Buses The Forgotten Mode[J]. policy analysis, (NO. 680).

[65] Motorcoach Safety Action Plan[M]. U. S. Department of Transportation, 2012 .

[66] ThomasUrbanik Ⅱ. The intercity bus industry in the U. S. and Texas[M]. Texas Transportation Institute, 1981 .

[67] Dr. Jay K. Lindly. Intercity Bus Service Study 2007[R]. Alabama: University Transportation Center for Alabama, 2009.

[68] Eckehart Rotter. IAA symposium on deregulation of long-distance bus routes[J]. Verband der Automobilindustrie, 2012(9).